**谨以此书，献给为开源事业奋斗的
软件所伙伴们！**

U0240880

开源十讲

国家工业信息安全发展研究中心软件所　编著

潘妍　主编

电子工业出版社

Publishing House of Electronics Industry

北京·BEIJING

内 容 简 介

数字经济时代，开源已成为全球科技创新和产业发展不可逆转的潮流和趋势。近年来，我国在开源领域迅速崛起，成为全球开源创新生态的重要组成部分。但开源在我国属于"舶来品"，要充分释放国内开源发展潜能，还须进一步提升各方对开源的认识，探索符合我国实际情况的开源发展之路。

本书旨在全面展示开源发展的要素组成、现状趋势、发展规律和方法路径。全书围绕起底开源、开源基金会、代码托管平台、开源项目与社区、开源商业化产业化、开源人才、开源风险防范、开源的战略价值、地方开源发展举措与成效、开源的发展挑战与趋势十个重点问题展开，通过体系性的架构设计深刻揭示了开源的运行逻辑，整体回答了什么是开源、为什么要开源、如何参与开源的问题，希望能为开源创新实践和产业布局提供有益参考。

本书面向政府工作人员、企业决策和管理者、开发者等各类主体，也可作为开源知识普及专业读本使用。

图书在版编目（CIP）数据

开源十讲 / 国家工业信息安全发展研究中心软件所

编著 ; 潘妍主编. -- 北京 : 电子工业出版社，2025.

1. -- ISBN 978-7-121-49131-3

Ⅰ. TP311.52-49

中国国家版本馆 CIP 数据核字第 2024UC3604 号

责任编辑：刘小琳
印　　刷：天津画中画印刷有限公司
装　　订：天津画中画印刷有限公司
出版发行：电子工业出版社
　　　　　北京市海淀区万寿路 173 信箱　　邮编：100036
开　　本：720×1 000　1/16　印张：13.75　字数：233 千字　彩插：4
版　　次：2025 年 1 月第 1 版
印　　次：2025 年 1 月第 1 次印刷
定　　价：68.00 元

凡所购买电子工业出版社图书有缺损问题，请向购买书店调换。若书店售缺，请与本社发行部联系，联系及邮购电话：（010）88254888，88258888。

质量投诉请发邮件至 zlts@phei.com.cn，盗版侵权举报请发邮件至 dbqq@phei.com.cn。

本书咨询联系方式：liuxl@phei.com.cn，（010）88254538。

本书编写组

组 织 单 位：国家工业信息安全发展研究中心软件所

主　　　编：潘　妍

编写组成员：王　璞　　赵　娆　　陈　榕　　冯璐铭

　　　　　　　郭昕竺　　辛晓华　　成　雨　　许智鑫

　　　　　　　程薇宸　　李丹丹　　王英孺

领导寄语

国家工业信息安全发展研究中心

主任、党委副书记　蒋艳

　　代码传递数字文明，协作链接思想智慧。软件所开源研究团队用《开源十讲》的"小切口"，打开了开源的"大视野"。让我们手执此书，与时代同行，拥抱开源，引领创新！

蒋艳

序 一

近年来，中国在开源领域迅速崛起，成为推动全球开源创新发展的关键力量。我国开源基础设施不断完善，开源组织、开源平台、开源根社区迅速成长，部分开源项目受到很高的国际关注，越来越多国内开发者开始走向世界舞台，积极活跃于国际主流开源社区。随着智能泛在计算时代的加速到来，我国开源发展步入从"参与融入"走向"蓄势引领"的关键时期，我们需要深化认识、形成共识，推动有为政府、有效市场和有机社会相结合，共同探索出一条适合中国产业发展规律、符合全球创新趋势的开源发展道路，为人类数字文明发展贡献中国智慧。

我们非常欣喜地看到，《开源十讲》在这个背景下应运而生。本书详细梳理了开源的来龙去脉，清晰阐述了开源领域的关键问题，对于开发者、企业和政府机构等各类主体认识开源、理解开源都有很大帮助。最难能可贵的是，本书结合生动典型的开源故事和中国实践，深刻揭示了开源的内在逻辑和发展规律，能引导读者透过开源的过去理解开源的现在，透过开源的现象揭示开源的本质，通过开源的本质预见开源的未来，对于地区产业布局、企业战略制定、开发者创新实践具有重要参考价值，可在开源推广普及方面发挥重要作用。本书是国家工业信息安全发展研究中心软件所团队的智慧凝结，更是为开源事业奋斗者准备的一份沉甸甸的"厚礼"。

作为开源的受益者、研究者和传播者，我也借此序谈一谈我对开源模型和闭源模式的一点认识。回顾全球信息技术发展历程，开源模式和闭源模式二者相伴相生、相互促进、相互制衡、相互转换，交融推动信息技术不断进步，成为当代人类数字文明发展的独特现象。从 1974 年贝尔实验室 Unix 点燃的开源火种，到 Unix 开源转闭源催生的自由软件运动；从 1985 年 GNU 自由软件项目及自由软件基金会的诞生，到 Linux 内核等标志性开源操作系统加入；从自由软件与开源软件的概念争议，到开放源代码促进会通过开源定义推动开源认识趋于一致；从微软由反对开源到积极布局开源，到红帽为开源商业化树立典范……历经 50 余年，开源模式作为区别于闭源模式的创新模式，在全球范围内迅速发展、广泛实践。

从人类文明发展传承的角度看，文明成果只有公开发布，才能有效长期保护和传承。这一认知已经成为近现代学术共同体的共识。作为人类数字文明的重要载体，公开发布软件源代码似乎是天经地义的。但是，在个人计算机时代，开源模式被视为危害软件产业发展的"毒瘤"，发展很"煎熬"。而在互联网时代，开源模式成为推动互联网产业发展的重要力量，形象很"光鲜"。这个现象背后表现出开源模型和闭源模式在应对时代"不确定性"和商业竞争挑战中的不同效果。我认为，开源模式与闭源模式的本质差异不在于软件源代码是否开源，而在于软件需求是否明确，以及由此导致的软件开发者的群体智能如何发挥。闭源模式关注的问题是：在需求（规范表达）确定的前提下，如何高效汇聚开发团队的智力资源，以高质量达成目标，实现商业闭环。也就是说，闭源模式专注的焦点是"汇聚"群体智能，理念和方法是"工程化"，所以被称为"工程范式"。开源模式关注的问题是：在软件需求不明确的情况下，如何高效激发社会群体，自主探索更多可能性，分散开发成本和风险，接受市场的选择。也就是说，开源模式专注的焦点是"激发"群体智能，理念和方法是"开源"，期待通过开源的"祭品效应"吸引"信众"，所以被称为"开源范式"。没有绝对的开源，也没有绝对的闭源。开源还是闭源，何时开源、开源什么、开源给谁，已经成为信息技术发展应对时代挑战、激发创新活力的重要战略。

当前，世界百年未有之大变局加速演进，新一轮科技革命和产业变革竞争加剧，信息技术进入从互联网时代向万物智联泛在计算时代转型的关键时期，在更加复杂的应用场景驱动下，"不确定性"

成为未来软件演化的最大特点。面对不确定的世界，我们需要探索新的软件开发模式，以更高的效率激发和汇聚群体智能，以实现软件的持续演化，主动适应变化的世界。人类科技发展的历程从一定意义上讲就是在不确定的世界中获得更多确定性的过程，在这个过程中，群体智能是获得确定性的锐利武器。软件开发作为人类当代独特的智力活动，经历了从作坊式的个体创作到工业化群体大生产，再由工业化群体大生产回归大规模群体创作，产生了两次范式变革。工程范式聚焦线性的确定性问题的软件开发，几乎放弃了对不确定性问题的关注。开源范式全面拥抱不确定性，但对结果不作确定性承诺。在"人—机—物"日益融合的三元世界中，计算平台的泛在化必然驱使软件应用的泛在化，"软件定义一切"预示着在不久的将来软件必将全面渗透人类社会的方方面面，也将孕育新的软件开发范式变革。同时，软件定义的世界给了人类认识世界的新手段。

中国计算机学会开源发展委员会主任
中国科学院院士

2024 年 10 月 6 日
于长沙德雅村

序　二

在数字化浪潮席卷全球的今天，开源运动以其独特的魅力和强大的生命力，成为推动信息技术创新、促进产业协作、加速知识传播的重要力量。随着信息化和智能化的发展，软件和生态已经成为数字世界的底座，如何构建具有全球影响力的软件和原生生态将成为未来科技和产业竞争的关键，开源作为软件和生态发展的产业平台至关重要。

《开源十讲》的问世非常及时，本书系统地介绍了开源的发展历程、核心理念、商业模式及其在现代社会中的战略价值，是一本全面、系统、深入的开源知识读本。

开源，这一起源于软件领域的创新协作模式，如今已经渗透到科技、教育、文化等多个层面，成为全球数字化转型的关键驱动力。它不仅代表一种技术进步的模式，还是一种文化和精神的体现，更是一种全球协作的典范。《开源十讲》通过深入浅出的方式，带领读者走进开源的世界，理解开源背后的哲学思想、文化理念和协作模式，探索开源如何在不同领域发挥作用，以及如何参与到开源的实践中去。

本书首先回顾了开源的起源，从最初的自由软件共享到形成全球性的运动，开源逐步成为技术创新的重要源泉。本书还介绍了开源基金会的作用，分析了它如何成为连接开发者、企业、政府和学术界等开源全要素的桥梁，以及在推动开源技术的发展和应用落地过程中中国所起的关键作用。同时也为地方开源发展建言献策。

本书详细阐述了开源项目的培育和开源社区运营，展示了如何通过社区力量推动项目的成长和创新，强调了开源许可证在保护知识产权方面的重要性，并探讨了开源与商业化之间的关系，揭示了开源如何在保持其自由和开放特性的同时实现商业价值的转化。

开源作为全人类的智慧结晶和创新的协作模式,华为公司一直积极拥抱开源,既是开源的使用者,也是开源的贡献者和发起者。我们认为,开源作为一种产业发展手段需要服务于商业,通过商业正循环才能实现可持续发展和健康发展。

目前,华为使用了数千余款开源软件,通过建立开源软件可信合规体系,实现对开源软件"供应、选型、使用、维护、回馈"的全生命周期管理;通过规范研发人员合规、安全使用开源软件,建立了一整套的标准规范和作业系统,做到每款开源软件来源可溯、过程可信、使用合规。

经过十多年的社区贡献,华为拥有行业内领先的开源人才储备,如在 Linux Kernel、K8S 等全球知名开源项目中的代码贡献均名列前茅。与全球开源社区同步,积极发挥国际影响力。同时,华为聚焦基础软件领域,先后开源了 MindSpore、openEuler、openGauss、OpenHarmony 等多个平台级基础软件开源项目,助力中国构筑软件根生态。相信本书对于华为开源的未来发展也必将带来重大影响和帮助。

《开源十讲》不仅关注开源的技术层面,更关注其社会和经济影响。本书还分析了开源在全球范围的发展态势,探讨了不同国家和地区如何通过开源战略提升自身的科技创新能力和国际竞争力。同时,也指出了开源发展中的挑战和风险,以及如何构建有效的开源风险防范机制。

最后,希望本书能够成为读者了解开源、参与开源的良师益友。无论您是开源领域的新手,还是资深的开发者,都能从本书中获得知识和新的启发。期待本书能够激发更多人对开源的兴趣,加入到开源的行列中来,共同推动开源事业的发展,为构建更加开放、创新、共享的数智世界贡献开源力量!

华为首席开源联络官

任旭东

2024 年 10 月 9 日

前　言

开源起源于软件，发展于数字经济，从倡导源代码开放共享的新型软件开发模式，逐步发展演变为推动资源共享、信息互通、主体互联、生态互促的新型生产方式。经历 50 余年，开源在软件、信息技术、制造业等多个重点领域被深刻践行，在加速技术突破、优化资源配置、促进产业转型方面优势明显。随着全球数字经济竞争博弈的加剧，开源成为提升我国科技创新能力、增强产业链韧性和安全水平的有效路径，为构建现代化产业体系提供了有力支撑，对加快发展新质生产力，深入推进新型工业化意义重大。

从全球发展大势来看，开源是数字基础设施领域不可逆转的潮流和趋势。据统计，全球 90% 以上的服务器操作系统和 72% 以上的移动操作系统均基于开源 Linux 内核，开源数据库 MySQL 占据超过 40% 的全球市场份额。与此同时，开源软件带动下的开源硬件、开放数据、开放科学发展迅速，在硬件领域，机器人、无人机、智能家居控制、3D 打印等产品大多以开源硬件平台 Arduino 为原型或基础进行研发；在开放数据领域，英国、法国、美国等国家的政府相继发布法案推动数据公开共享；在开放科学领域，欧盟发起"地平线 2020"计划，促进科研数据开放获取。从我国现实需求来看，开源是提高科技创新能力、构筑产业竞争力的有效途径。开源倡导以资源共享、生态共建、成果共用的方式协同创新，能最大限度地统筹创新合力，满足国家重大战略需求，解决关键领域技术短板，聚力破除"缺芯少魂"的掣肘，为建立自主产业生态筑牢根基。同时，开源的生产方式有效促进了跨行业、跨领域的数字技术共享和数据流通，延伸并拓宽产业链，形成更多新的增长点，为经济的高质量发展开辟了新空间。此外，开源天然的开放性使其能广泛链接、高效配置全球创新资源，推动高水平国际合作和产业链分工协作，促进全球产业链供应链深度融合，缓冲断链脱钩风险，助力提升我国产业链供应链韧性和安全水平。

党中央高度重视开源发展，多层级文件对开源作出明确部署。在开源生态建设方面，《中华人民共和国国民经济和社会发展第十四个五年规划和 2035 年远景目标纲要》指出，支持数字技术开源社区等创新联合体发展，完善开源知识产权和法律体系，鼓励企业开放软件源代码、硬件设计和应用服务。工业和信息化部发布的《"十四五"软件和信息技术服务业发展规划》提出，要繁荣国内开源生态；大力发展国内开源基金会等开源组织，完善开源软件治理规则，普及开源软件文化，加快建设开源代码托管平台等基础设施；面向重点领域布局开源项目，建设开源社区，汇聚优秀开源人才，构建开源软件生态；加强与国际开源组织交流合作，提升国内企业在全球开源体系中的影响力。在行业应用风险治理方面，中国人民银行、中央网信办等五部门联合发布《关于规范金融业开源技术应用与发展的意见》，提出鼓励金融机构加强对开源技术应用的组织管理和统筹协调，建立健全开源技术应用管理制度体系，提升金融机构开源技术评估能力、合规审查能力、应急处置能力、供应链管理能力等；鼓励金融机构积极参与开源生态建设。此外，工业和信息化部、中央网信办联合发布《关于加快推动区块链技术应用和产业发展的指导意见》，提出建立开源生态，加快建设区块链开源社区，围绕底层平台、应用开发框架、测试工具等，培育一批高质量开源项目等。

在此背景下，我国开源发展取得积极成效。开源欧拉、开源鸿蒙等优质成果不断涌现，开源人才培养和课程开发在各大高校多点开花，开放原子开源基金会不断提升运营水平，开源基础设施趋于完善。与此同时，利用大规模市场优势和工程师红利，我国成为重要的开源贡献国和消费国，在全球开源体系中占据重要地位，以开源为纽带的全球技术命运共同体正加速形成。但与美西方发达国家相比，我国开源发展起步较晚，整体呈现根基浅、生态弱的特点，距离世界领先水平还存在较大差距。在基础设施方面，美国建立了全球规模最大的开源代码托管平台 GitHub，吸引大量代码资源和开发者流入本国，通过开放源代码促进会主导开源许可协议认定，事实上掌握了开源领域的规则话语权。在开源组织方面，国际主流开源基金会大多由美国主导，成立运营多年，在项目孵化培育过程中积累了强大的产业服务能力；我国开源基金会于 2020 年起步，目前正处于推动超常规发展的跨越式赶超阶段。在开源项目方面，以 Linux、MySQL、Apache Hadoop 等为典型代表的国际顶级开源项目大多起源于欧美；我国具有国际影响力的开源项目相对匮乏，对于底层核心技术的掌控力度不足，这可能导致我国在未来技术和产业竞争中缺乏主动权，因此我国开源体系建设必须加快步伐。

当前，世界百年未有之大变局加速演进，新一轮科技革命和产业变革深入发展，全球技术产业格局、国际力量对比面临深刻调整，我国开源发展迎来难得一遇的窗口机遇期，也是突破重围、应对挑战、破局攻坚的关键发展期。一方面，开源领域已成为各国竞相角逐的重要领域。美国、欧盟等主要国家和地区将开源提升至战略层面，制定开源发展和安全相关政策以促进本国技术创新和产业发展，以开源为手段汇集全球创新资源，构筑数字经济核心竞争力，客观上对我国构建高水平开源生态提出要求。另一方面，我国开源发展的基础不断夯实。北京、上海、广东、湖南等地结合地方优势特色，在开源生态建设方面积极发力，在重点开源项目培育推广、特色开源社区建设、开源开发者培养等方面建立了良好基础。全面掌握国内开源发展现状、瓶颈问题和发展路径，以开源为抓手推动我国自主产业体系构建刻不容缓。

本书定位为全景式展现开源体系"四梁八柱"、现状趋势、发展规律、方法路径的专业性读物。全书通过系统性的架构设计，结合翔实的产业数据和典型案例，围绕起底开源、开源基金会、开源代码托管平台、开源项目与社区、开源商业化产业化、开源人才、开源风险防范、开源的战略价值、地方开源发展举措与成效、开源的发展挑战与趋势十个重点问题设置十讲，旨在全方位厘清开源各要素在开源体系中发挥的作用，立体化呈现开源的运行逻辑和战略价值，提出抢抓开源发展机遇的有效举措。

编者

2024 年 6 月

目录
CONTENTS

第一讲

起底开源

故事引入：UNIX 催生的开源之势

　　20 世纪 60 年代末至 70 年代初，为满足大型主机同时向更多台终端机提供连接使用的需求，美国电话电报公司（AT&T）贝尔实验室研发推出分时操作系统 UNIX。受美国反垄断法约束，早期 AT&T 不被允许进入计算机行业开展产品销售等商业竞争行为，未能通过 UNIX 销售获取商业利益。同时，为推动 UNIX 发展完善和普及推广，AT&T 决定将 UNIX 源代码免费或低价授权给学术机构用于教学和科研，允许学术机构对 UNIX 源代码进行研究和改进。20 世纪 60 年代末至 80 年代初，加利福尼亚大学伯克利分校（UC Berkeley）以 UNIX 源代码为基础开发出伯克利软件套件 BSD，BSD 作为 UNIX 的一个重要分支，以开源方式发布。受益于开放、共建、共治的开源开发模式，UNIX 生态得以迅速发展，也为后续开源理念的传播奠定了良好基础。

　　在计算机的早期发展阶段，软件不被视为独立的商品，通常在硬件销售时免费提供，且大多附有源代码，便于专业人员调试和修改。直到 20 世纪 70 年代中期至 80 年代初，随着个人计算机普及下软件需求的扩大，软件的商业价值开始独立显现，微软、甲骨文等专门开发通用软件的公司相继出现。1976 年，比尔·盖茨（Bill Gates）在《致计算机爱好者的公开信》中明确提出软件版权（Software Copyright）的理念，倡议保护软件开发者利益，被认为是软件通过商业授权获取收入的重要标志。1984 年，美国反垄断部门解除了对 AT&T 的竞争限制法令，AT&T 开始将 UNIX 从源代码免费许可的公益性项目转变为商业项目，UNIX 源代码不再供研究机构免费获取。开源开发者开始寻找一个可替代 UNIX 的开源项目。

随着软件独立许可和商业软件的兴起，1983 年，美国麻省理工学院（Massachusetts Institute of Technology，MIT）的理查德·斯托曼（Richard Stallman）发起 GNU 计划（GNU is NOT UNIX 的无穷递归缩写），该计划旨在对标 UNIX 构建完全开源的操作系统项目，以打破专有软件的垄断。在开源模式下，越来越多的开发者加入 GNU 项目代码共享和协同创新工作中，GNU 项目获得迅速发展。1985 年，为进一步支持 GNU 项目发展壮大，理查德·斯托曼创建自由软件基金会（Free Software Foundation，FSF），FSF 专门负责 GNU 项目的运营和 GNU 项目配套软件的开发，先后推出 glibc、GCC、GDB 等一系列 GNU 项目配套软件。此外，FSF 还提出与版权（Copyright）理念相对应的著佐权（Copyleft）理念，并基于 Copyleft 理念制定了著名的通用公共许可证（General Pubic License，GPL），为开源软件项目创建了法律框架。

1991 年，同样对开源具有极大兴趣的芬兰大学生林纳斯·托瓦兹（Linus Torvalds）采用 Copyleft 理念公开发布了一个类 UNIX 的操作系统内核 Linux，Linux 内核从 Linux 0.12 版本开始采用 GPL 许可证的新版权声明。Linux 内核并非 GNU 计划的一部分，但由于 GNU 项目的操作系统内核 Hurd 进展缓慢，1992 年，GNU 项目宣布采用 Linux 内核。因此，使用 Linux 内核和 GNU 组件的操作系统通常也被称为 GNU/Linux。在 UNIX 开源版本成功案例的激励下，Linux 内核与 GNU 项目相辅相成，共同促进了开源在更广泛领域的认知和采用，吸引了更多开发者参与开源项目建设。

01

开源的兴起

　　开源的发展先后经历了源起与萌芽、实践探索、统一共识和发展扩散四个阶段，整体实现了从实验室到商业领域、从软件到更多技术领域的伟大跨越。纵观信息技术发展史，开源的兴起离不开两大变革性力量：信息技术整体环境的提升和软件开发创新模式的变革，前者提供了开源软件发展所必需的技术条件，后者以特定时代的软件创新文化为深层支撑，表现为个体开发者、企业等创新组织创新观念的转变。

一、源起与萌芽阶段

　　开源源起 20 世纪 70 年代的 AT&T 贝尔实验室（Bell Telephone Laboratories，Inc.）。尽管早在计算机出现的 20 世纪 40 年代，开源的现象就已经出现，但很长一段时间开源并未大范围兴起。直到 20 世纪 70 年代初期，AT&T 贝尔实验室的肯·汤普森（Ken Thompson）推出 UNIX 操作系统。UNIX 版权所有者 AT&T 因受美国反垄断法的限制，无法销售计算机相关产品，因此，AT&T 授权学术机构可以免费或低价获取 UNIX 源代码用于研究。这一举措促进了 UNIX 项目的持续优化，并衍生出多个版本。1979 年，加利福尼亚大学伯克利分校开发出 UNIX 的开源版本 BSD UNIX，源代码可免费获取，被称为"开源的先驱"。然而，20 世纪 80 年代初，贝尔实验室所属机构 AT&T 注意到 UNIX 项目的商业价值，开始禁止源代码被公众免费获取，自此，UNIX 从开源共享转向闭源收费。商业企业对开源 UNIX 的闭源控制促进了开源软件研发的兴起。1983 年，为对抗 UNIX 向闭源的转变，麻省理工学院的理查德·斯托曼推出 GNU 开源操作系统①。为确保 GNU 项目代码保持免费并可被公众获取，理查德·斯托曼在软件许可模式和项目管理机制等方面进行了创新性探索：一方面，组织编写 GNU 通用公共许可证；另一方面，于 1985 年推动成立自由软件基金会，旨在以组织化的方式推动开源软件在更大范围内普及。

Linux 内核的加入极大地推动了 GNU 项目的发展。1991 年，林纳斯·托瓦兹等人编写并推出 Linux 内核项目，以 GPL 2.0 许可证开源，试图替代当时的两大主流闭源操作系统 MacOS 和 Windows。在开源模式下，Linux 内核快速发展和成熟，同时与 GNU 项目中的系统工具和库保持高度兼容性，而 GNU 项目的操作系统内核 Hurd 进展缓慢。因此，1992 年，GNU 项目宣布使用 Linux 内核作为 GNU 操作系统的内核，GNU/Linux（Linux）操作系统由此正式诞生。GNU/Linux 的诞生不仅开启了使用开源软件的热潮，还推动 GPL 成为最主要的开源版权许可方式。直到 21 世纪初，大公司纷纷利用开源的优势进行业务布局。据统计，截至 2021 年，基于 Linux 的安卓操作系统支撑了 85% 的智能手机运行。从 20 世纪 80 年代开始，GNU 项目和 Linux 操作系统汇集了越来越多的软件自由理念认同者，在学术共同体小范围内，开源理念被开发者群体深刻践行。

二、实践探索阶段

网景浏览器（Netscape Navigator）开源是开源在商业领域的伟大实践。1993 年，美国国家安全局（NSA）发布 Mosaic 网络浏览器，1994 年 Mosaic 开发团队负责人创办摩西通信公司（Mosaic Communication），后改名为网景通信公司，并推出网景浏览器，使网络变得更加易于访问和商业化，网景浏览器迅速发展成为 20 世纪 90 年代最流行的网络连接方式。网景浏览器的流行引起微软公司高层的注意，为巩固 Windows 操作系统和应用程序的竞争

---

① GNU Operating System (2017) Overview of the GNU System – GNU Project – Free Software Foundation。

优势，微软公司进军浏览器市场，推出 IE 浏览器（Internet Explorer），与网景通信公司展开了激烈竞争。微软公司利用其在个人计算机市场的主导地位将 IE 浏览器与 Windows 操作系统捆绑，试图淡化市场对网景浏览器的关注，同时与互联网服务提供商（ISP）和计算机制造商达成协议，将 IE 浏览器作为其操作系统上的默认浏览器，逐步取代网景浏览器成为浏览器领域的主导者。尽管网景浏览器在与 IE 浏览器的竞争中落败，但客观上加速了开源开发方式的推广。1998 年，在市场竞争中失利的网景通信公司宣布公开网景浏览器的源代码，试图以此向微软公司发起挑战。基于网景浏览器，他们推出了开源项目 The Mozilla Project（简称"Mozilla 项目"）。同年，开源爱好者埃里克·雷蒙德（Eric Raymond）与网景通信公司合作，帮助网景浏览器在自由软件许可证下发布。2003 年，谋智基金会（Mozilla Foundation）成立，支持 Mozilla 项目打造出 Mozilla 套件、Firefox 浏览器等一批优质产品。在此之前，人们对开源的认识和关注非常有限。网景浏览器公开源代码的行为推动开源在软件开发者群体及更大范围商业领域受到关注，促使人们逐渐认识到开源作为新型软件开发模式的优势，以及开源对于软件创新的重要意义，促进了开源文化的普及和开源开发方式的推广。

三、统一共识阶段

"开源"概念的确立和推广是开源发展史上具有里程碑意义的事件。网景通信公司对浏览器项目的开源引起开发者群体广泛关注，在此背景下，开源创新方式的优势得到了开发者和企业的认同。开源创造了一种软件用户与开发者互动交流的模式，它能吸引开发者进行源代码的创建和改进，同时推动用户参与到软件社区的建设和软件创新中来，但各界对如何描述这种模式尚未达成一致。为解决开源概念问题，开源爱好者在加利福尼亚组织召开帕洛阿托战略会议（Palo Alto Meeting），对开源的概念进行商讨。最终会议正式确定采用"开源"（Open Source）来表达源代码开放、共享和可迭代修改的软件创新实践。早期表示软件源代码开放的术语主要是"自由软件"（Free Software），对于初步接触开源的开发者而言，这一表述通常会导致开发者将开源误解为"免费"（Free）的软件，而非代码"自由"（Free）的软件。当时大多数开发者认为，重要的是软件源代码可用，以便用户可以自定义或扩展，开源并不反对商业开发，开源软件既可以是免费的，也可以是商业化的。因此，会议决定将情报领域的术语"开源"借用到软件领域，引导人们关注源代码开放、共享和可获取等问题，以澄清公众对开源软件概念的误解和混淆。1998 年，开源倡议者继续在弗吉尼亚研究所共商开源发展策略。会议提出了开源创新模式"可自由分发"（Freely Distributable）和"合作开发"（Cooperatively Developed）的独特优势。此后，兴趣导向的开发者群体、利益驱动的商业企业等开源创新参与方就开源软件（Open Source Software）的表述逐步达成共识，业界对"开源"的定义走向统一化。此后，在多名开源领域关键人士的推动下，开源新术语在短时间内得到广泛传播。以该术语为基础，早期开源倡议者布鲁斯·佩伦斯（Bruce Perens）等人发起成立开放源代码促进会（Open Source Initiative，OSI）。开源爱好者埃里克·雷蒙德将该表述推广到了媒体界，Web2.0 之父蒂姆·奥莱利（Tim O'Reilly）将新术语积极应用于其发起的多个项目社区，并将开源新术语推广到了商业界和编程界。开源概念的推广也为后期开源组织的倡议活动奠定了良好基础。埃里克·雷蒙德、迈克尔·蒂曼（Michael Tiemann）等帕洛阿托战略会议出席者后来担任 OSI 的主席，其他与会者成为 OSI 早期的主要支持者[1]。

　　开源这一术语逐渐被广泛采用。托瓦兹将其用于 Linux 开源社区，在 1998 年的自由软件峰会（Free Software Summit）[2]上，国际互联网工程任务组（IETF）和互联网软件联盟（Internet Software Consortium）等组织采用了开源这一概念。商业企业纷纷宣布参与开源计划，使得开源理念在商业中得到广泛传播和践行。优质开源项目成为当时重要的网络基础设施。调查显示，开源项目 Bind 和 Sendmail 曾为多个互联网公司提供基础设施，Perl、TCL 和 Python 等编程语言曾被深入应用到大多数网站的运营，Apache 成为 50%以上网站的首选服务器。

　　在基本概念框架下，"开源"的内涵正式确立，各界对开源的认识进一步深化。1998 年 4 月 14 日，为共同探讨开源开发者面临的挑战和取得的成功，

---

[1] Todd Andersen、Jon "maddog" Hall、Larry Augustin、Sam Ockman 等人。

[2] 许多开源倡议的关键人物出席了该峰会，如 sendmail、Perl、Python、Apache 等组织的创始人。

蒂姆·奥莱利召开开源领域主要领导人会议——第一届开源峰会（Open Source Summit）。峰会就开源软件的内涵达成一致，强调开源的几个关键属性：①灵活性（Flexibility）。开源项目的源代码可自由获取，允许全球开发者广泛参与修改、迭代，因此开源有很大灵活性，在修改程序以满足定制化需求方面具有很大潜力。开源软件的稳定性和一致性（Stability and consistency）通常由创建者或控制软件核心版本的开发团队来维护，而满足特定市场需求的灵活性则可以由开源社区实现。具体来说，商业实体大多无法将资源投入利基市场（Niche Markets）①，在开源模式下，多数利基市场可以由开发者直接参与，开发者通过对开源项目进行修改和改进来满足特定的软件需求。②创新性（Innovation）。开源能有效推动技术创新和商业模式创新。开源模式下，开发者不仅能够基于已有项目进行二次创新，而且能快速获得开源社区的反馈，获得创新灵感。此外，许多公司将开源融入传统任务，创造了新的商业模式。源代码公开的同时，企业可以通过向用户提供服务、支持、文档、定制或附加软件产品赚取收入。③可靠性（Reliability）。依托于互联网这一载体平台，开源能够广泛汇集大量开发者对项目进行测试、检查和错误修复。因此相较于商业软件，开源软件能通过"大规模、独立的同行评审"高效地保证质量和可靠性。④更快的开发时间（Faster Development Time）。开源社区汇集了大量开发者参与项目建设，能大幅缩短软件开发周期。

四、发展扩散阶段

在软件领域发展成熟后，开源实践开始走向更多技术领域。自 20 世纪 80 年代源于软件领域后，开源也在 Web 开发和硬件开发中深刻践行。开源的概念扩散到更多的技术领域，逐步发展成为一种创新模式，其特征包括：在开源社区参与下的公开开发；团队接受符合其标准的贡献；最终产品具有开源许

---

① 利基市场是指更广泛市场中有重点、有针对性的部分，针对利基市场企业可以销售专业产品或服务。公司专注于利基市场可以更好地迎合特定消费者，满足主流供应商没有解决的独特需求。与针对广泛受众的竞争对手相比，建立一个利基市场有助于企业获得竞争优势。

可证。从信息技术领域来看，开源模式在不同语境下有不同的具体含义，如表 1-1 所示。其典型实现不限于开源软件，还包括开源 Web 技术、开源硬件等。

表 1-1　开源模式在信息技术领域的典型实现

典型实现	具体含义	早期的主流产品（大多项目如今已经终止）
开源 Web 技术	一系列支持开放网络的技术，这些技术通常是开源的，遵循开放标准，并且鼓励透明、互操作性和用户参与 开源 Web 技术是互联网的基础，为全球范围内的信息共享、通信和协作提供了强力支持	Apache HTTP Server：一种常用的网络服务器 MySQL、PostgreSQL：用于在线存储数据和创建动态网站内容的数据库 PHP：经常与数据库一起使用的 Web 脚本语言，用于创建动态网站 Perl、Python：用于 Web 应用程序的服务器端编程和脚本语言 WordPress、Drupal：用于创建博客、网站的在线内容管理系统
开源软件	源代码开放可获取、可修改的软件，区别于封闭源代码开发的专有软件	安卓：手机和平板电脑最常用的操作系统 Blender：3D 图形和动画包 Firefox：一款开源网络浏览器 GIMP：一个具有类似 Adobe Photoshop 功能的图像编辑器 OpenOffice.org：类似 Microsoft Office 的办公套件，具有文字处理器、演示文稿和电子表格软件 GNOME、KDE：Linux 桌面环境 Ubuntu：基于 Linux 的开源操作系统
开源硬件	开源硬件通常指设计规范、蓝图、原理图、材料清单等文档公开，允许任何人使用、修改、分发和制造的硬件 开源硬件与开源软件具有类似的协作模式和开源社区，允许对项目提出改进、复制和新的分叉。硬件开源社区主体包括开发者、软件厂商、制造商等	Arduino：一个为艺术家、机器人设计师、原型爱好者和设计师设计的微控制器平台 Openmoko：一个开源软件和硬件项目，旨在创建开源移动设备平台，包括硬件平台、操作系统（Openmoko Linux）及实际的智能手机开发实现等 Tinkerforge：一组具有不同功能的可堆叠微控制器板 LEON：由欧洲航天局基于 SPARC-V8 创建的一系列微处理器 Lasersaur：一款最初在 Kickstarter 上启动的激光切割机

注：国家工业信息安全发展研究中心软件所根据公开资料整理。

根据开源硬件协会（Open Source Hardware Association，OSHWA）的定义："开源硬件（Open Source Hardware）是可以通过公开渠道获得的硬件设计，任何人可以对已有的设计进行学习、修改、发布、制作和销售。"理想情况下，开源硬件采用随处可得的电子元件和材料、标准的过程、开放的基础架构、无限制的内容和开源的设计工具，从而最大化提升个人利用硬件的便利性。总之，开源硬件和开源软件是开源的不同实现方式。开源硬件是机器、设备或物理实体的设计开放共享。

此外，在标准领域，开源体现为开放标准。开源在软件和标准开放方式上截然不同。开源软件意味着源代码必须与可执行应用程序的每个副本一起分发，并且必须允许每个收件人自由修改源代码并将其分发给后续用户。标准开放意味着标准过程对参与者开放，并且所有人都可以使用已完成的标准。标准工作文件和草案大多有参与条件（如会员费等），但开放标准对所有人公开，公众可以自由获取和实施标准。

开源的本质和要素

一、开源的定义标准

美国开放源代码促进会和自由软件基金会两大组织不仅为各大机构和个人参与开源实践创建平台，打造健康的开源生态系统，更承担着开源社区政策和标准制定的职能，是两大权威的开源组织。目前，两大组织出台了各自的许可证认证体系，形成了不同的开源许可证定义标准，将开源许可证与普通软件许可证（协议）区分开来。目前，全球对开源的主流认识是美国开放源代码促进会通过"开源定义"（Open Source Definition，OSD）明确的开源十项标准[①]。作为定义开源的共识标准，OSD解决了何为开源、如何规范开源行为、如何认定开源许可协议的问题。

根据开放源代码促进会官网的"开源定义（注释版）"［The Open Source Definition (Annotated)］，开源十项标准包括：

（1）允许自由再分发（Free Redistribution）。许可证不得限制任何一方将包含该组件的软件进行销售或者捐赠。许可证不得向销售方索取专利费或者其他费用。

理由：通过将许可限制为要求免费再分发，消除了许可人放弃许多长期

---

① 开源定义最初来自《Debian 自由软件指导方针》（*Debian Free Software Guidelines*，DFSG），后被 OSI 引入社区中。

收益以获取短期收益的可能性。如果不这样做，开源各参与方就会面临很大的背叛压力。

（2）必须包含源代码（Source Code）。软件必须包含源代码，并且必须允许以源代码和编译形式分发。如果源代码不随产品一起分发，则必须有一种广为人知的获取源代码的方法，其复制成本应当在合理范围内，最好能通过互联网免费下载。修改源代码是程序员修改程序的首选形式。不允许故意混淆源代码，不允许使用预处理器或翻译器输出之类的中间形式。

理由：用户需要获取未混淆的源代码，因为在不修改源代码的情况下，无法进一步完善程序。该标准的目的是使程序更便于被修改，分发时包含源代码的要求将使程序修改变得更方便。

（3）允许衍生作品（Derived Works）。许可证必须允许修改和衍生作品，并且必须允许在与原始软件许可证相同的条款下分发。

理由：仅具备阅读源代码的能力，不足以支撑通过独立同行评审对软件的快速完善优化。为了实现快速优化，开源参与者需要重新分发软件的修改版本。

（4）保证作者源代码的完整性（Integrity of The Author's Source Code）。许可证只有在允许补丁文件随其所属作品的源代码一同发行的情况之下，才能限制对其所属作品的源代码在发行时的修改行为。许可证必须清楚表明，用已修改的源代码编译而成的软件是允许发行的。许可证可以要求衍生软件使用有别于原来软件的名称或者版本号。当然，这是一种对开源软件开发者作出的妥协，开源基金会鼓励作者最好不要限制任何源代码文件或者二进制文件的修改。

（5）禁止歧视个人或者组织（No Discrimination Against Persons or Groups）。许可证不能歧视任何人或者组织。

理由：为了从整个开源流程中获得最大收益，任何个人和组织应该有同等的资格为开源作出贡献。因此，需要禁止任何开源许可证将任何人或组织锁定在流程之外。

（6）禁止歧视用途（No Discrimination Against Fields of Endeavor）。开源软件可以被用于任何特定领域，特定领域的使用均不受歧视。例如，许可证不得限制程序用于商业或者基因研究。

理由：本条款的主要目的是禁止许可证阻止开源软件用于商业用途。相反，开源开发者希望商业用户也加入开源社区，而不是被排斥在外。

（7）许可证的分发（Distribution of License）。程序附带的权利必须适用于程序再次发行的每个受众，无须他们再执行一个附加的许可证。

理由：本条款旨在禁止以某些间接方式对软件闭源，如通过签署保密协议等方式。

（8）许可证效力不限于特定软件（License Must Not Be Specific to a Product）。程序附带的权利不能由该程序是否为开源软件的一部分来决定。如果某程序从软件中分离出来，即使在原软件之外，但仍然遵循该程序的许可证条款进行使用或者发行，那么它再次发行的每个受众，都将拥有和该程序与原软件结合时被授予的权利完全相同的权利。

（9）许可证的规定不得限制其他软件（License Must Not Restrict Other Software）。许可证不得限制与许可软件一起分发的其他软件。例如，许可证不得要求在同一介质上分发的所有其他程序必须是开源软件。

理由：开源软件的分发商有权对自己的软件作出自己的选择。需要注意的是，GPL 2.0 和 GPL 3.0 也符合此要求：与 GPL 库链接的软件仅在形成单个作品时才继承 GPL 的规定，仅与 GPL 开源软件一起分发的软件并不必然受到 GPL 约束。

（10）许可证必须是技术中立的（License Must Be Technology-Neutral）。许可证不得以任何单独的技术或界面风格为基础进行开源许可。

二、开源的构成要素

开源项目的发展必须依靠一个生态系统的支持。经过多年实践积淀，开源发展成一个包含多要素、涉及多方主体的系统性创新生态。开源生态以推动开源项目发展为宗旨，有序组织并有效支撑众多开发者协同创新，由社区环境、管理机制、工具平台等软硬资源组成。整体而言，开源生态是以开源项目为中心，以开源许可证为法律保障，以服务开源项目创新发展所需的社区文化环境、技术工具、载体平台、管理服务等资源为基础设施，由参与开源的各方主体形成的有机整体。一个完整的开源生态构成要素包括：开源项目，以及支撑开源项目发展的开源基金会、开源代码托管平台、开源企业、开源社区、开源协议。其中，开源项目通常由企业或个体开发者发起，项目代码公开可获取，公众可以聚焦确定的领域开展技术开发和迭代。全球开源项目主要分布在操作系统、云计算、大数据和人工智能领域，以 Linux、OpenStack、Apache Hadoop、PyTorch 等为典型代表。

1. 开源基金会

开源基金会是支持和资助开源项目持续发展的中立性组织，通过推广开源项目应用、普及开源文化、培训开源开发者、提供开源法律合规和风险管理服务为项目孵化提供全流程指导。在开源发展早期，自由软件基金会和开放源代码促进会等组织在推动开源普及方面发挥了积极作用。其中，开放源代码促进会在开源定义和开源协议的认定方面具有较高的权威性，而自由软件基金会则专门服务 GUN 项目发展，但由于时代背景及其自身业务范围限制，传统开源组织在产业整体方面发挥的作用较为有限。近年来，开源在全球范围内蓬勃发展，致力于推动开源发展的专业服务组织——开源基金会出现，汇聚产业合力和创新资源，为开源项目和社区提供技术、生态和资金等全方位支持，成为推动开源创新的关键力量和枢纽性组织。

从发展现状来看，国际主流开源基金会由欧洲和美国主导，多年来已参与多个开源项目，主要包括美国的 Linux 基金会、Apache 软件基金会和 Open Infrastructure（原 OpenStack）基金会，以及欧洲的 Eclipse 基金会。其中，Apache 软件基金会（Apache Software Foundation，ASF）成立于 1999 年，主要聚焦开源项目的管理和孵化，通过为开源项目提供工具、流程和发展建议推动建立健康、活跃的开源社区[1]，培育顶级开源项目（TLPs）[2]，其项目覆盖大数据、云计算、人工智能、物联网等多个领域；Linux 基金会（Linux Foundation，LF）一般被认为成立于 2007 年，其业务包括开源基础设施服务、开源人才培训与认证、开源产业研究等，为开源项目管理和社区建设提供方法、工具、标准等全方位支持，其项目涉及操作系统、物联网、区块链、云计算和容器等多个技术领域[3]；Eclipse 基金会（Eclipse Foundation，EF）成立于 2004 年，致力于为开源项目提供良好的运行环境、工具、规范和框架，以推动开源社区创新及其行业应用，EF 托管的开源项目涉及汽车、人工

---

① 详见 ASF 开源社区发展项目（Apache Community Development Project）。
② 详见 Apache 顶级项目（Top Level Projects，TLPs）介绍。
③ 详见 Linux 基金会开源项目一览。

智能、物联网、系统工程、开放处理器设计等领域[1]；开源基础设施基金会（Open Infrastructure Foundation，OIF）成立于 2012 年，最初主要聚焦于推动 OpenStack 云操作系统开源项目的开发和应用，后不断拓宽服务范围，为更多开源项目提供托管、持续集成工具和虚拟协作空间等一系列支持[2]，致力于以开源方式推动全球基础设施共享[3]。在国内，2020 年我国首家及唯一一家全国性开源基金会——开放原子开源基金会成立，为包括 openEuler、OpenHarmony、XuperCore、PikiwiDB、OpenTenBase 等多个开源项目提供了专业服务支持。开放原子开源基金会积极参与国际开源交流合作，与欧洲最大的开源基金会——Eclipse 基金会达成战略合作，共同推进 OpenHarmony 在欧洲的生态建设。

2. 代码托管平台

代码托管平台的职能主要是提供代码托管和维护服务，通过大规模代码资源、专业的开发工具支持和功能服务，提高开源协作式开发和开源项目管理的便捷性和高效性，在支持开源社区建设、促进技术交流、提升开发效率、推动资源整合等方面发挥着重要作用。大多数代码托管平台依托公共存储库（Public Repository）进行代码存储和公开共享，任何人都可以访问存储库来独立使用代码，或者为整个项目的设计和功能作出改进。目前，全球最大的代码托管平台是微软公司的 GitHub。根据 GitHub 发布的《2023 年度报告》[4]数据，截至 2023 年 11 月，GitHub 托管的开源项目数量高达 4.2 亿个。GitLab 主要面向 B 端市场，一般被认为是全球第二的代码托管平台。在全球开源浪潮下，国内开源代码托管平台也纷纷涌现。2013 年，开源中国上线发布了 Gitee 代码托管平台（Gitee.com），与国外的 GitHub 和 GitLab 类似，Gitee 是基于 Git 协议建立的中文版本的代码托管平台，其主要功能包括代码仓库管理、代码审查、安全扫描三方面，为大约 1200 万名国内开发者提供日常支

---

① 详见 Eclipse 基金会官网。

② 最初为 OpenStack 基金会，2020 年，OpenStack 基金会正式更名为开源基础设施基金会（Open Infrastructure Foundation，OIF）。

③ 详见 Open Infrastructure Foundation 官网。

④ 详见 Octoverse: The state of open source and rise of AI in 2023。

持；2021 年 11 月，开源发展委员会（CCF）推出新一代开源创新服务平台 GitLink，致力于为大规模开源开放协同创新提供助力，推动创新成果孵化和新工科人才培养[①]；2023 年 6 月，开放原子开源基金会发布代码托管平台 AtomGit，为开源项目和开发者提供团队管理、开发协作、安全扫描、合规治理等服务，为企业、高校、区域和垂类技术领域提供开源社区基础设施和运营支持，致力于保障行业供应链安全，推动行业开源生态的健康发展；2023 年 9 月，CSDN（Chinese Software Developer Network）和华为云联合发布开发者平台 GitCode，旨在综合借鉴国外开源代码托管平台 GitHub 与开源大模型平台 Hugging Face 的优点，构建面向全球开发者的开源生态平台。为顺应全球人工智能发展趋势，Gitee 平台、GitCode 平台分别发布 Gitee AI、GitCode AI 模型社区，致力于为我国开发者用户和企业提供丰富的开源模型、数据集和应用落地场景。

3．开源社区

开源社区是围绕一个或者多个开源项目形成的开发者社群生态，主要职能是通过文档管理、定期活动等实现开发者交流互动等。开源社区中开源参与者主要包括项目发起者和维护者等核心人员、开源贡献者、开源使用者和社区管理者。开源贡献者是为开源项目作出代码贡献的创新主体，开源使用者是使用开源源代码、开源项目的开源社区用户，管理者是推动开源项目整体发展的各类战略型人才，包括负责开源项目文化宣传、活动组织方面的运营人才，开源项目治理和安全保障方面的技术型人才，负责开源项目应用推广、市场化、产业化等业务型人才。狭义的开源社区仅指围绕特定开源项目形成的社区，如国外的 Hadoop 社区、Flink 社区、Hyperledger Fabric 社区，以及国内的 OceanBase 社区、openKylin 社区等属于典型的狭义的开源社区。

4．开源企业

开源企业是开源领域重要的创新主体。尽管不少开源项目是由个人或者开发者群体发起的，但商业企业在发起并推动大型开源项目发展方面具有更

---

① GitLink 官网。

大的力量，也在开源项目商业化方面发挥着不可替代的作用。企业利用其技术创新能力和用户资源优势，积极参与开源项目，推动开源项目生态合作。通过一定的商业模式和发展策略，企业将开源项目与已有业务相结合，推动开源项目商业化，以商业闭环保证开源项目可持续发展。在全球范围内，开源企业既包括以开源创新模式起步的开源原生企业，如红帽、SUSE、MongoDB、Elastic，也包括积极参与开源的传统企业，如谷歌、微软、IBM、甲骨文、英特尔等传统 IT 企业，以及 Netflix、脸书（现更名为 Meta）等传统媒体平台。

5. 开源协议

开源协议是开源项目使用的许可证，主要作用是明确开源项目发起者（通常是版权所有者）、开发者、用户等各方主体之间的权利义务，从而保证开源创新活动规范有序开展。国际层面，负责维护"开源定义"的美国非营利性组织开放源代码促进会认为，只有符合开源定义的许可证才是开源许可证，即许可证要允许软件被自由使用、修改和共享。由于开放源代码促进会是最初定义开源的组织，因此开源许可证创制后大多会提交给开放源代码促进会获得认可，以便推动许可证被更多开源项目实际采用，但开放源代码促进会的认可并非开源许可证应用推广的必需环节。截至 2024 年 7 月，全球范围内通过开放源代码促进会认可的开源协议有上百种，但大多数开源许可证应用范围有限，目前，采用频率较高的主流开源协议主要包括 GPL 2.0、EPL 2.0、LGPL 2.0、MPL 2.0、BSD-3-Clause、MIT、Apache 2.0 等[①]。在国内，2019 年 8 月，我国本土的木兰宽松许可证 1.0（MulanPSL 1.0）发布。2020 年 2 月，木兰宽松许可证 2.0（MulanPSL 2.0）通过开放源代码促进会认可，填补了国内开源许可证方面的空白。

---

① 详见 OSI 开源许可证列表及分类。

03

开源与闭源的关系

作为软件与信息技术领域的两种重要创新模式，开源与闭源在技术形态、创新模式、商业模式方面各具优势。开源通过资源共享、生态共建激发创新活力；闭源通过保护知识产权激励自主研发，构筑绝对优势。二者共同构筑繁荣强大的产业生态。

从最终技术形态来看，开源与闭源并无高低之分，二者均孕育了许多优秀的创新成果。开源作为后来者，在操作系统、数据库、网络服务器、编程语言等领域同样培育出优秀的项目成果，为互联网时代信息技术的发展提供了关键技术支撑。全球公认的开源软件和工具组合"LAMP"是开源创新成果在技术领域的生动体现①。"LAMP"是 Linux 操作系统、Apache 网络服务器、MySQL 数据库和 PHP 脚本语言的首字母组合的简称。其中，在操作系统领域，Linux 项目于 20 世纪 90 年代推出并公开源代码，在开源模式下获得迅速发展，目前已在服务器和超级计算机领域占据绝对市场份额，移动操作系统领域广泛使用的安卓操作系统也是基于 Linux 开发的，Linux 已发展成为全球最大的开源项目。Linux 基金会公开数据显示（见图 1-1），截至 2021年年底，85% 的智能手机运行在以 Linux 为基础的安卓操作系统上，世界 500强超级计算机全部运行在 Linux 上，世界最大的 100 万台服务器中有 96% 运

---

① Opensource.org (2007) The Open Source Definition | Open Source Initiative. Red Hat (2021) What is open source software? Red Hat website。

行在 Linux 上，约 90% 的云基础设施构建在 Linux 上[①]。

图 1-1 截至 2021 年 Linux 在各领域的应用情况

来源：《Linux2021 年度报告》。

在 Web 服务器软件领域，Apache 开源项目成果之一——Apache HTTP Server 通过超文本传输协议（HTTP）将网页上的数据传递给最终用户，被用于网站托管和处理 HTTP 请求，在早期互联网发展中发挥了重要作用。目前，Apache 已发展成为全球使用排名第二的网络服务器，仅次于 Nginx 开源项目[②]。在数据库领域，开源项目 MySQL 通过高效存储关键数据或信息来有效服务用户的信息检索和访问，极大地促进了互联网的推广普及。根据 DB-Engines 数据，MySQL 长期占据全球数据库市场较大份额，截至 2024 年 6 月，MySQL 仍是仅次于 Oracle 的全球第二大数据库[③]。在编程语言领域，开

① 《Linux2021 年度报告》。
② 《W3Techs 全球 Web 技术调查报告》。
③ DB–Engines2024 年 6 月数据库排行榜。

源的通用脚本语言 PHP 能有效服务软件开发活动，目前仍然被广泛应用于网站开发。根据 W3Techs 对网站服务器端编程语言的使用统计结果，截至 2024 年 7 月，全球服务器端编程语言中使用 PHP 的占比高达 76.2%，这表明 PHP 是目前全球最流行的编程语言（见图 1-2）[1]。总之，开源项目 LAMP 打造的一站式组合能实现非常强大的功能，开源软件和工具在功能实现方面完全不亚于闭源软件。

© W3Techs.com	占比	2024年6月1日以来的变化
1. PHP	76.1%	−0.1%
2. ASP.NET	5.9%	−0.2%
3. Ruby	5.9%	
4. Java	4.9%	+0.1%
5. JavaScript	3.5%	+0.1%

图 1-2　服务器端编程语言流行度排名

来源：W3Techs 全球 Web 技术调查报告。

从创新模式来看，开源与闭源的最大区别体现为源代码是否公开。本质上是二者对软件源代码这一创新资源的分配模式不同。开源软件是通过开放源代码来协作开发和维护的软件，其源代码通常免费提供给他人使用、检查、修改或重新分发。相比之下，专有或闭源软件源代码由软件版权持有人控制，他人未获得授权无法接触。例如，Microsoft Word、Adobe Illustrator 等闭源软件往往由创作者或版权持有人出售给用户，除非版权持有人同意，否则不能使用、检查、修改或重新分发。从更高层面看，开源是一种基于开源社区进行开放协作、频繁公开更新来创建知识产权成果（如软件）的方法。在数字化时代，越来越多的软件源代码资源以开源的方式提供给用户，推动了开放合作和协同创新。开源的实践被扩展到多个领域，包括浏览器、操作系统等基础软件，以及区块链等新一代信息技术，成为当今全球构建数字基础设施的重要方式之一。

从商业角度来看，商业软件与开源软件之间存在动态竞争。一方面，在既有技术标准主导的环境中，开源为新技术的进入提供了有效途径。开源软

---

[1] W3Techs 网站服务器端编程语言使用统计。

件天然具有开放性，能有效利用网络外部的多种来源推动技术的传播。即使市场上具有完善的软件标准，开源软件也能推动用户间的互动和合作，形成强大的网络效应，从而加速其传播和应用。另一方面，开源软件有利于打破市场垄断，促进市场繁荣发展和良性竞争。技术扩散理论指出，新技术的扩散和用户的积极信念是决定软件市场格局的重要因素，因此，对于商业软件而言，要想控制市场，就必须提高质量，并在研发方面投入大量资金。商业软件无法仅凭市场地位或品牌优势来长久维持其市场份额。对于开源软件而言，一旦获得用户信赖和支持，就可以以较低成本维护市场份额，通过扩大软件生态构筑竞争壁垒。此外，开源在技术创新与迭代速度方面具有明显的优势。对于涉及大量技术创新和需要快速迭代的项目，开源可能是更好的选择。开源能有效吸引更多的开发者参与项目的开发，加速技术的创新和迭代。在给予一定的开源社区支持和活跃度的情况下，那些拥有高活跃度且拥有大量贡献者和用户的项目，选择开源将更有利于项目的长期发展。

从产业角度来看，开源与闭源的路线选择至关重要。企业在制订开源商业战略布局时，一方面需要思考项目开源的程度，另一方面也需要思考如何将闭源和开源策略相结合。例如，IBM、微软和谷歌等均通过开源与闭源相结合的方式推动企业发展。整体而言，核心、关键技术闭源可以保护既有竞争优势，而辅助性、非核心的功能开源，可以吸引更多的开源社区贡献和反馈。因此，采取核心功能闭源，辅助性、非核心的功能开源的策略有利于实现核心竞争力的同时吸引开源社区贡献者参与项目的开发，从而提升项目的整体质量。此外，利用开源项目构建闭源产品也是打造高质量产品的重要方式。通过积极参与开源社区的建设，如为开源项目提供资金支持、技术支持等，企业可以与开源社区建立良好的合作关系，树立良好的形象，并提高自身的品牌影响力。

第二讲

开源的"桥梁纽带"
——开源基金会

故事引入：Linux 基金会的"前世今生"

20 世纪 90 年代，计算机科学领域主要由微软的 Windows 和 UNIX 系统两大巨头主导。1991 年，赫尔辛基大学的学生林纳斯·托瓦兹因不满于现有的操作系统限制，开始开发一款可供分享的操作系统，并将其命名为"Linux"。Linux 完成后，托瓦兹突破了最初仅作为个人项目的设定，决定将 Linux 内核源代码发布到互联网上，邀请全世界的程序员共同参与完善。这一行为成为点燃开源火种的重要一环。开源倡导的源代码自由共享、协作改进与知识传播理念迅速吸引了全球成千上万开发者的热情参与。在众多开发者的支持下，Linux 迅速成长，其功能不断完善，性能逐渐超越大多商业操作系统，最终发展成为全球著名的操作系统内核开源项目。

随着影响力的不断扩大，Linux 对于专业维护和系统管理的需求也不断增加。2000 年，非营利性组织开源码发展实验室（Open Source Development Labs，OSDL）成立，旨在为 Linux 及其他开源软件项目提供支持。2007 年，OSDL 与另一个开源组织自由标准组织（Free Standards Group，FSG）合并，正式成立 Linux 基金会，推动 Linux 项目及其生态系统进入新的发展阶段。

作为 Linux 操作系统及众多开源项目的"守护者"，Linux 基金会积极协调全球开发者参与开源创新，承担着推广开源文化、提供法律援助、举办技术会议、资助关键开源项目等多方面的职能。在 Linux 基金会的强力推动和有力支持下，Linux 在服务器市场占据了主导地位，并进入移动设备、超级计算机、嵌入式系统等多个领域，成为具有高度全球影响力的开源项目。

　　如今，Linux 基金会已经不单作为开源项目支持机构而存在，更是连接全球开发者、企业、政府和学术界的桥梁，推动开源技术边界不断拓展。除了项目孵化，Linux 基金会在举办开源活动、文化宣传、培养开源人才等方面积极发力，品牌影响力不断提升。Linux 基金会既见证了 Linux 操作系统的发展，也见证着全球开源生态的持续繁荣。

01

开源基金会的作用

开源基金会源于"自由软件"运动中为推动 GNU 项目发展而建立的自由软件基金会。1983 年，为推动软件源代码开放共享，自由软件倡议者理查德·斯托曼发起 GNU 项目，计划创立一套可供用户自由使用的操作系统。随着 GNU 项目的发展，GCC 编译器、Emacs 等项目成果相继推出，1985 年理查德·斯托曼创立 FSF，旨在消除传统软件版权专有模式下计算机程序复制、分发和修改方面的限制，并为 GNU 项目发展提供持续的专业维护和资金支持。FSF 作为开源基金会的早期尝试，在组织和运营方面独具特色。在组织架构方面，FSF 是由开发者个人发起的开源基金会组织；在运营方面，FSF 与 GNU 项目深度绑定，FSF 的全部业务均服务于 GNU 项目发展；在盈利模式方面，作为非营利性组织，FSF 主要依靠来自资金捐赠和周边产品出售获得收入，维护组织持续运转，包括出售 GNU 程序手册和电脑磁盘等。值得关注的是，FSF 与企业间的积极互动和生态合作，为其迅速发展提供了坚实基础。例如，早期惠普（HP）、Thinking Machine、索尼（SONY）、AT&T 贝尔实验室等多家硬件厂商均为 GNU 项目提供高性能硬件设备，部分企业派送技术人员至 FSF 学习软件开发，甚至为 FSF 技术人员支付薪水。FSF 的早期探索为之后更多开源基金会的创建与发展提供了可供借鉴的有益经验。如今，随着开源在全球范围内兴起，更多新兴领域开源项目不断涌现，单纯聚焦于 GNU 项目的 FSF 不再是全球主流[①]。在全球开源浪潮下，Apache 基金会（ASF）、Linux 基金会（LF）等开源基金会应运而生，开源基金会成为

---

① The Free Software Foundation is dying。

促进开源技术发展和开源理念普及的重要创新组织。

总体而言,开源基金会致力于推动开源软件、硬件、数据、文档等资源的开放共享,主要作用是为开源项目和开源社区的持续运营、维护提供中立的平台,确保其不受特定商业利益影响。从具体服务来看,开源基金会通过提供法律、财务、技术、社区管理等多方面的支持,帮助开源项目遵循最佳实践,吸引贡献者,并解决开源项目常见的治理和知识产权问题。从类型来看,开源基金会趋于多样化,既有 Apache 软件基金会等综合类基金会,也有 LF AI & Data 基金会、持续交付基金会(Continuous Delivery Foundation,CDF)、OpenJS 基金会等专注于特定技术领域的基金会。

纵观全球开源软件发展历程,开源基金会以公开、透明、开放、文明的理念为基础,为开源软件孵化、培育提供法律、运营、市场、技术等全方位支持,为开源社区建设和运营提供指导。作为促进开源项目健康、可持续发展、加速技术进步和创新的重要枢纽性组织,开源基金会具有几大基本功能。

(1)提供项目孵化服务。开源基金会募集资金并合理分配给各个项目,支持其持续开发和运营,并专门设立孵化器推动项目成长。例如,Apache 软件基金会通过吸纳贡献者构建活跃的社区,通过投票机制对开源项目进行成熟度评估,推动具有潜力的开源项目成为孵化项目,推动优质的孵化期项目成为顶级项目。

(2)提供知识产权合规服务。开源基金会能为开源项目提供法律框架,确保源代码成果版权归属清晰,并遵循适当的开源许可证。例如,Apache 软件基金会基于软件授权协议和贡献者许可协议制定代码捐赠流程,保证项目合规地完成初始代码导入(Initial Code Import)。

(3)提供基础设施支持。开源基金会为开源社区建设治理提供有效方案。一方面,指导建立社区行为准则,帮助社区创建开发者论坛、邮件列表等通信设施,促进社区成员间的有序交互和沟通协作,营造高效便捷的开发环境。另一方面,提供代码托管、代码审查、问题追踪等服务,保证开源项目安全有序发展。

(4)提供品牌宣传服务。通过宣传推广提高项目的可见度,组织技术会议、研讨会等活动,促进知识分享和技术交流。例如,Apache 软件基金会和 Linux 基金会积极借助大型会议、研讨会、沙龙、新媒体和社交网络等途径进行营销，宣传旗下的开源项目，吸引开发者和用户的加入。Apache 软件基金会 2023 财年在会议方面的总支出约为 18.2 万美元；2023 财年 Linux 基金会活动总支出高达 1460.28 万美元。

（5）提供专业技术指导。基金会设立技术指导与协调组织，通过技术咨询委员会（TAC）等机构，为项目提供技术指导，帮助设定技术路径图，进行项目孵化评审等，帮助开源项目把关技术方向和质量。例如，LF AI & Data 基金会的技术咨询委员会（Technical Advisory Council，TAC），Apache 软件基金会的项目管理委员会（Project Management Committee，PMC）及云原生计算基金会（Cloud Native Computing Foundation，CNCF）的技术监督委员会（Technical Oversight Committee，TOC）等。其中，TAC 成员通常是为特定技术领域或项目提供咨询和技术建议的人员，一般没有最终决策权；PMC 通常是指某个具体项目的管理层，负责决策项目的各方面事宜；TOC 通常是指一个开源组织或项目中，技术领域的最高决策层。

此外，开源基金会在推动开源教育培训与国际合作等方面也发挥着积极作用，包括为产业提供开源技术和文化的教育材料、举办培训课程、培养开源人才，推动国家和地区之间开源组织的合作、促进国际开源生态的建设与发展。

全球主流开源基金会发展现状

一、国际主流基金会发展情况

据统计，全球共有 101 个开源相关基金会，绝大多数在美国注册。目前，全球公认的主流开源基金会主要包括 Linux 基金会、Apache 软件基金会、开源基础设施基金会（OIF）。

1. Linux 基金会

Linux 基金会于 2007 年成立，由开源码发展实验室（OSDL）和自由标准组织（FSG）联合成立。在此之前，OSDL 于 2000 年成立，专注于推动 Linux 企业级计算的发展。为进一步满足项目技术创新、应用推广、生态发展需求，开源码发展实验室和自由标准组织合并，Linux 基金会正式成立，这标志着 Linux 项目在开源社区建设方面迈出了重要的一步。

自成立以来，Linux 基金会一直致力于推动 Linux 开源项目的发展，在项目生态建设、宣传推广、技术创新和规范化运行等方面积极发力，同时在开源人才教育、开源文化宣传推广方面积淀了良好的实践经验。为促进更多开源项目健康发展，Linux 基金会进一步扩大业务范围，建立了集财务援助、知识资源、基础设施等于一体的服务体系，在促进 Linux 项目标准化，推动开源社区可持续发展方面发挥了至关重要的作用。

Linux 基金会围绕其非营利性宗旨开展活动，形成了由捐赠、项目支持、培训认证、会议合作、会员制度等组成的运营模式，既能实现商业闭环，又能为包括 Linux 在内的开源项目和开源社区提供良好的服务。具体来看，一方面，基金会通过捐赠制度筹集原始资金，用于基础设施和服务能力建设。

基金会接受来自企业、个人及政府的捐赠和资助，获得的资金用于支持开源项目的开发、推广和运营，推动开源项目持续发展。另一方面，基金会通过提升项目服务能力扩大影响力，吸引更多的会员和项目加入。基金会通过为众多开源项目提供知识产权托管、法律支持、技术支持等服务，帮助开发者解决项目发展过程中遇到的各种问题，使得开源项目能够更加专注于技术创新和产品开发。

此外，Linux 基金会注重社区建设和生态合作，举办各种活动、培训和会议。在开源项目推广、人才培养等方面与企业、高校积极建立合作关系，促进开源技术的创新和发展，不断扩大 Linux 基金会在全球范围内的影响力。2023 年，Linux 基金会支持超 1133 个开源项目社区，培训了超过 200 万名开发人员，接受了超过 77 万名开发人员的代码贡献，每周新增代码量达到 51 万行，拥有贡献组织超过 1.7 万个。

Linux 基金会在开源项目培育方面成效显著。以其代表性项目 Linux 内核为例，2008 年开始，Linux 基金会每年发布 Linux 内核发展报告。Linux 项目诞生 30 多年来，不断与新技术融合，保持着良好的发展势头，从一个基于兴趣的小项目发展成为全球关注的顶级开源项目。在社区建设方面，Linux 基金会相关报告指出，内核社区的重点是保持一个共同的目标，从而提高效率，继续提升 Linux 内核的可靠性。为此，基金会引导建立了以信任为基础的社区文化，成为推动社区繁荣的重要因素[①]。Linux 内核社区内部存在持续改进的文化和信任的文化，社区开发者表示，"我们有一条清晰的途径，人们可以通过该途径作出贡献，并随着时间的推移证明他们愿意且有能力推进该项目的发展。这将建立一个相互信任的关系网，这些关系对于项目的长期成功至关重要"。

在代码贡献方面，Linux 项目曾创下 2 个月新增 80 万行代码的纪录；应用推广方面，2007 年，谷歌和众多硬件厂商在内的开放手机联盟基于 Linux 打造安卓操作系统，大幅推动 Linux 进军移动端用户操作系统市场。目前，Linux 已经在超过 10 亿部智能手机上运行。2011 年，谷歌再次基于 Linux 推出首款 Chromebook，运行在基于 Gentoo-Linux 的 ChromeOS 系统

---

① Linux 内核维护者之一 Steven Rostedt 指出，Linux 项目取得空前成功的另一个因素是他们社区的文化。

之上。2015 年 Chromebook 在教育市场、轻办公领域的销量已经超过 Windows 笔记本。2012 年，Linux 开始覆盖云端操作系统市场，2019 年，微软用户的虚拟机（VM）实例也有一半以上运行 Linux。2020 年，全球云计算市场规模已经超过 1000 亿美元，有 90% 的云端设备都运行在 Linux 上。

2. Apache 软件基金会

Apache 软件基金会定位为 Apache 服务器项目的"保护伞"。1995 年，Brian Behlendorf 组建 Apache Group 编写维护 Apache 服务器软件。Apache Group 成立之初仅有 8 人，这些人成为 Apache 基金会的创始成员。1995 年 12 月 1 日，Apache 1.0 发布后发展迅速，成为最常用的 Web 服务器软件之一，巅峰时期 Apache 在 Web 服务器领域的市场占有率超过 70%。为推动 Apache 项目进一步发展，1999 年 6 月，Apache 软件基金会（ASF）作为美国 501（c）（3）非营利性组织成立。ASF 成立后，吸引了大量开源项目加入。如今，ASF 汇集来自全世界各地开发者维护的两百多个项目，曾为 Hadoop、Spark、Kafka 等多个开源项目提供支持。

ASF 最为人称道的便是 Apache 之道（The Apache Way）。Apache 之道早在 Apache Group 成立之时就已经出现，随后不断改进。整体来说，Apache 之道根据现有法律和社会框架定义了开源，帮助公众了解什么是开源，如何参与开源。根据 Apache 软件基金会董事 Shane Curcuru 的总结，Apache 之道关注几个关键问题：①慈善（Charity），即 ASF 的使命是为了公众利益而提供软件；②社区（Community），即众人拾柴火焰高，社区大于代码；③共识（Consensus），即通过讨论来获得足够好的共识，远比投票好；④功绩（Merit），即根据个人贡献获得认可，贡献得越多，就越有发言权，从而贡献更多；⑤开放（Open），即决策公开透明。任何决策如果没有在公开的邮件列表中讨论过，那么就等同没有发生过；⑥务实（Pragmatic），即采用务实且商业友好的 Apache 开源许可协议；⑦商标（Trademarks），一旦成为 ASF 顶级项目（TLP），即受到 ASF 商标保护，会减少诉讼风险；⑧中立（Vendor Neutral），即开源项目和社区贡献完全以个人身份参与，不涉及个别厂商利益。

3. 开源基础设施基金会

开源基础设施基金会（OIF）于 2020 年由 OpenStack 基金会（OSF）正

式演进而来。最初，OSF 致力于推动 OpenStack 云操作系统在全球的发展、传播和使用，OIF 进一步扩大目标范围，致力于在全球范围内服务开发者、用户及生态系统，提供共享资源，以扩大 OpenStack 公有云和私有云的成长，帮助技术厂商选择平台，助力开发者开发出行业最佳的云软件。OIF 致力于通过推动开源基础设施项目的发展，构建一个多元化、协作和创新的开源社区。

自成立以来，OIF 不断拓展业务边缘，建立新的开源社区，涉及人工智能/机器学习、持续集成/持续交付、容器基础设施、边缘计算、公有云、私有云及混合云等领域，同时与 Ansible、Ceph、Gerrit、Kubernetes、rust-vmm 等开源社区进行交流和协作。此外，OIF 还推出了一系列试点项目，如 Airship、Zuul、StarlingX 和 Kata Containers 等。这些项目分别面向新型云开放基础设施、持续集成/部署平台（CI/CD）、边缘云和容器虚拟化等领域，是企业打造开放基础设施的重要组成。如今，这些试点项目已趋于成熟，为开源社区和企业带来了巨大的价值。此外，OIF 采用社区驱动软件项目的模式来实现其目标，并适时推出了新的项目治理模式。OIF 发起了"定向基金"计划，允许组织或机构对所关注的项目进行定向资助，进而使这些成功培育了开源项目的非营利性组织可以进行专项管理，为项目的长远发展提供支持。

二、开源基金会的运营模式与建设经验

1．为产业提供专业服务是开源基金会的基本职能

开源基金会通过一系列专业服务促进开源技术创新和产业发展。

一方面，推广开源理念和实践，厚植开源文化土壤。例如，Linux 基金会称其目标是促进代码的普及化并扩大其应用范围，推动开源项目发展。为此 Linux 基金会推出开源软件学院项目，构建了完善的开源教育培训认证体系。

另一方面，为开源项目和社区发展提供指引和服务。软性机制方面，基金会将促进开源社区蓬勃发展作为重要目标之一。例如，Apache 基金会通过许可证、项目孵化器、开源项目治理等机制创造优秀的开源社区实践，形成事实标准指导产业开源创新[①]，同时依靠企业赞助、个人捐款和志愿者支持

---

① Apache 软件基金会官网。

运营，为开源创新模式下的知识产权保护和资金贡献提供了成熟的框架，支持全球开发者创新协作和开源项目运营。Linux 基金会也将推动开源发展谋划、社区建设、趋势识别等作为重要发展目标，致力于以开源方式加速技术创新，消除开源项目应用推广的障碍。硬性支持方面，基金会为促进开放共享提供工具和技术支持。例如，Apache 软件基金会开发了各类工具和框架，以促进 Apache 项目的包容性和多样性。

2. 完善的组织机制是开源基金会高效运营的关键

基金会组织模式和决策机制分为三类，各类机制均实现了决策时效性和决策质量之间的合理平衡。

（1）"精英制"模式。该模式主张整个社区共同决策，当出现分歧时，以投票方式打破僵局。Apache 软件基金会是最典型的案例。它采取扁平化运作方式，鼓励社区成员发表意见，项目决策由社区所有成员讨论决定。通常情况下，决策没有明确表达意见的成员视为默认同意，无须正式投票。但在涉及项目战略发展或法律立场时，必须以投票方式决策，此时仅项目提交者和项目管理委员会成员具有投票权。

（2）"独裁制"模式。该模式主张项目负责人对项目全生命周期保持绝对控制，负责确定项目总体方向，当出现分歧时，作出最终决策。Linux 基金会采用该模式，其项目负责人称为"仁慈的独裁者"，具有最终决策权，负责制定战略方针、领导项目发展。当社区成员作出质疑项目提交者的决定时，项目负责人可通过检查电子邮件存档来复审其决定，最终支持或推翻决定。不同于"精英制"，"独裁制"无须正式的冲突解决程序，由项目负责人最终决策。

（3）设置定向基金。Linux 基金会设立定向基金（子基金会），从基础设施、扶持计划两方面筹集资金定向支持云计算、区块链、人工智能等专业领域的开源项目。子基金会具有独立理事会，可根据项目成熟度，自主分配资源。以 CNCF 为例，该组织由白金会员、白银会员、学术和非营利会员及最终用户组成。Linux 基金会负责审查 CNCF 会员资质，并对管理费比例作出明确规定。CNCF 理事会负责批准预算，指导基金会将筹集资金用于技术、市场、社区运营等方面，促进基于容器的计算技术的发展和应用。

我国开源基金会建设情况

2020 年，我国首个也是唯一一个国家级开源基金会——开放原子开源基金会（OpenAtom Foundation，本部分简称"基金会"）在中华人民共和国民政部注册，标志着开源在中国步入了新的发展阶段。基金会由阿里巴巴、百度、华为、浪潮、360、腾讯、招商银行等多家企业联合发起，作为致力于推动开源事业发展的非营利性机构，基金会积极构建以开发者为本的中立性、包容性和国际化平台，旨在为开源创新提供法律支持、资金援助和技术支撑，广泛汇集产业资源推动我国开源事业的发展，促进我国开源与全球开源生态的紧密融合。自成立以来，基金会不断提升服务能力，在开源基础设施建设、开源项目培育、开源人才培养、开源宣传普及和开源国际合作等方面成效显著，为我国开源事业的蓬勃发展奠定了坚实基础。

在开源基础设施建设方面，开放原子开源基金会先后建立漏洞上报平台、AtomGit 开源协作平台和开源专营专区产品等，为开发者、开源项目和开源社区提供便捷的创新环境和技术支持。其中，AtomGit 开源协作平台提供源代码管理、代码评审、文档管理、项目管理、合规管理等服务，具备完整DevOps 能力和开源软件、开源机构、开发者的运营能力。2024 年 9 月，AtomGit 与 Gitee、Gitcode 代码托管平台正式达成合作意向，标志着我国开源生态基础设施开始融合发展，是跨平台数据互联互通的重要突破。此外，该基金会在新一代技术领域积极探索，对大模型的开源开展模式进行深入研究，探索制定中英双语的《开放原子模型许可证》第一版，以开源方式推动大模型资源共享，助力构建繁荣、可持续的开源模型生态。

在开源项目培育方面，截至 2024 年 10 月，开放原子开源基金会已有 52 个项目通过了技术委员会的评审，其中有 30 个项目正处于孵化期，覆盖操作系统、中间件、云原生、超级计算机、人工智能、区块链、开源硬件、工业软件、浏览器内核、字库标准等重点领域，初步实现全栈布局。尤其在优质项目和社区建设方面，基金会先后培育了开源鸿蒙（OpenHarmony）、开源欧拉（openEuler）等标杆性开源成果。2020—2021 年，华为将鸿蒙操作系统（HarmonyOS 2.0）的源代码捐赠给基金会，基金会在此基础上成功孵化 OpenHarmony 项目，并于 2022 年 6 月开源发布。截至 2024 年 9 月，OpenHarmony 社区拥有超过 8060 名贡献者、67 个特别兴趣小组、70 家共建单位、378 家社区生态伙伴，累计产出超过一亿行代码，构建了 53 款软件发行版，落地商用设备 439 款，覆盖了金融、教育、工业、警务、城市、交通、医疗等领域；截至 2024 年 10 月，openEuler 社区用户累计超过 364 万人，超过 2 万名开发者在社区持续贡献，加入 openEuler 社区的单位成员超过 1800 家。此外，基金会积极推动成熟的开源项目产业化应用，目前已推动 OpenHarmony 项目完成硬件适配和 Unity3D 引擎适配；推动 openEuler 操作系统产品应用于电信、金融、能源、公共事业、制造、互联网、物流、高校及科研院所等领域，截至 2024 年 8 月，openEuler 操作系统累计装机量达 850 万台，截至 2023 年，在中国新增服务器操作系统市场份额达到 36.8%，位居全国第一。

在开源人才培养方面，开放原子开源基金会建立了开源人才培训体系，推出开源通识、开源合规、OpenHarmony、openEuler 和 OpenTenBase 等人才评定体系，累计有 4.65 万名开源领域专业技术人才参与学习。此外，基金会推出"校源行"品牌活动，通过推广开源课程，培养开源技术师资，资助成立开源社团、引导开源实践等推进开源进入校园。目前，"校源行"已覆盖 300 余所高校，在 67 所高校成立开放原子开源社团培养学生 3 万余人。此外，基金会依托"校源行"活动组织编写开源通识与开源技术相关课程，覆盖开源战略、开源协作、开源文化、知识产权、许可证、开源技术等方面，部分已经被纳入部分高校的课程教学工作中。

在开源宣传推广方面，开放原子开源基金会成功举办开放原子开源生态大会、开放原子开发者大会等活动。系列开源活动为开源人才汇聚、开源文化传播、开源技术交流搭建了平台。此外，基金会还组织举办了开放原子大赛，聚焦解决"真问题"，推广开源技术，发现开源人才。2023 年首届大赛吸引 4.34 万人报名，征集了 4980 个作品，其中 453 个优秀作品获奖，累计发放奖金 1338.4 万元，形成 84 项技术成果，部分大赛成果具有重要的产业价值。

在开源安全治理方面，为提升国内开源漏洞风险和供应链风险治理能力，基金会建立了开源安全委员会，并联合 41 家成员单位共同创建开源漏洞信息共享项目，上线开源漏洞共享平台（ossvd.cn）及安全奖励计划，为开源项目的安全性提供了有力保障。为提升我国开源知识产权合规水平，基金会推出开源法律专业人士交流平台——"心寄源"沙龙，汇集企业法务、律师、开源专家等深入探讨前沿开源法律问题；基金会打造了"源规律"开源公益系列课程，覆盖开源概况、开源实践、开源知识产权、开源许可证、开源司法案例、企业开源合规实务，以及开发者如何参与开源项目等多个板块，旨在帮助开发者合规使用和发布开源源代码，提升企业管理者开源合规意识，目前已公开上线了25节长视频课程；基金会发起成立了"源译识"（Contransus）社区，对开源相关许可证、域内外司法判决、专业书籍、重点报告等内容进行翻译，以共译凝聚开源共识。

在国际合作方面，开放原子开源基金会深入开展国际交流与合作，积极探索开源全球合作的新范式。2024 年 8 月，基金会在北京牵头承办第二届 Open Source Congress 会议，全球 24 个开源组织参会；2023 年 11 月，基金会与欧洲 Eclipse 基金会签署 OpenHarmony 项目合作协议，双方将在技术项目、开发者生态、营销活动等方面发挥各自优势，共同在世界范围内推动开源项目发展。

第三讲

开源的"资源仓库"
——开源代码托管
平台

故事引入：GitHub 是如何"出圈"的？

　　Github 是全球最大的代码托管平台，主要功能是为开发者提供基于互联网的集中式代码管理服务。Github 以 Git 为基础技术，通过围绕开源项目构建软件即服务（SaaS），功能涵盖问题跟踪、代码审查、版本控制、分支管理等。

　　2008 年，Tom Preston-Werner、Chris Wanstrath 和 PJ Hyett 3 人共同完成了一个项目，他们用 Ruby on Rails 构建了 GitHub。在此之前，开发者面临低效率协作开发的困扰，缺乏有效的编程协作方式。GitHub 的出现顺利解决了这一难题，并以惊人的速度成长起来。2022 年，GitHub 官网数据显示，共有 2050 万名新用户加入 GitHub，用户范围正逐步扩展到世界各地，其中印度开发者增长量最显著。随着技术的发展，GitHub 已逐渐成为开发者的必备工具，微软、谷歌等公司均选择 GitHub 来存储公司代码资源进行协作。2015 年，随着用户规模的扩大，GitHub 发展成为一个社交中心，人们可以在 GitHub 中互相学习。

　　GitHub 的成功在很大程度上归功于其清晰且高效的商业模式，即提供免费的公开代码托管服务，通过免费体验培养了大量潜在的高级服务用户。这种商业模式巧妙地区分了用户群体，且一旦开发者习惯了在 GitHub 上托管开源项目，他们很可能在职业生涯中会一直选择 GitHub 作为私有项目的管理工具，并自愿升级至付费服务。这种自然的过渡路径确保了 GitHub 商业盈利可以持续增长。

GitHub 的受欢迎程度和市场占有率让它获得众多资本的青睐。自 2008年创立以来，GitHub 共完成了 3 轮融资。2018 年 6 月，IT 巨头微软公司宣布以 75 亿美元高价收购 GitHub，当时该平台仅有 2800 万名用户。历经 5 年发展，GitHub 用户规模已经超过 1 亿人，实现了飞跃式的增长。

01

开源代码托管平台的作用

　　作为全球开发者协作社区，代码托管平台已经成为开源生态重要的组成部分，集聚了各类开源资源，是开源代码的"存储池"、开源软件孵化推广的"温床"、开发者的精神"家园"。

　　软件开源代码托管平台（简称"代码托管平台"），是文件存档和 Web 托管工具，用于软件、文档、网页及其他作品的源代码建档和托管，可公开或私有访问。开源软件项目及其他众多开发者参与的项目经常使用代码托管平台对代码进行维护、修订和版本控制。代码托管平台的核心功能主要包括 5 个方面。

　　（1）版本控制功能。允许开发者记录和追踪代码的修改历史，包括每次修改的内容、时间，以及修改者等信息。通过版本控制，开发者可以方便回滚到之前的代码版本，比较不同版本之间的差异，以及协同工作时的代码合并。

　　（2）团队协作功能。代码托管平台支持多人同时开发一个项目，实现代码的并行开发和合并。通过平台，团队成员可以共享代码，协作完成开发任务，提高团队的协作效率。

　　（3）代码备份与恢复功能。代码托管平台将代码存储在云端，有效避免了本地代码丢失的风险。同时，它提供了数据备份和恢复功能，确保代码的安全性。

　　（4）问题跟踪与维基功能。许多代码托管平台方便团队成员记录、追踪和解决问题，以及共享项目相关的文档和知识。

（5）代码分享与发现功能。代码托管平台通常支持代码分享，开发者可以将自己的代码分享给其他人，也可以通过平台搜索，找到自己需要的代码和项目，促进代码的交流和共享。

从整个开源生态角度来看，代码托管平台具有突出的价值。一是为开源软件开发提供协作环境，集聚广大开发者的智慧，快速实现软件迭代更新。二是作为代码托管基础设施，汇聚大量重要的开源项目，成为开源代码数据储备资源池。三是托管开源项目，孵化项目社区，促进开源软件的推广应用。四是设立活跃度、受欢迎程度等指标，折射开源技术热点及创新发展趋势。

从具体应用功能特性来看，代码托管平台功能主要包括：①代码托管，即使用 Git 作为其核心代码管理工具，对代码进行版本控制和高效管理；②项目管理，基于代码托管平台，开发者可以创建多个项目，每个项目均包含多个分支，能有效支撑多人协作开发的需求；③问题跟踪，部分平台内置问题跟踪系统，开发者可以在项目中报告和跟踪问题，方便团队沟通和协作；④持续集成（或部署），通过自动化构建、测试和部署过程，提高软件开发效率；⑤文档管理，可以对项目相关的文档进行统一管理；⑥权限管理，根据用户的角色和职责分配不同的访问权限；⑦审计日志，记录操作历史，包括作出修改的主体、时间，方便进行审计和回溯；⑧代码审查，内置代码审查功能，可以通过同行评审提高代码质量；⑨集成其他工具，提供丰富的 API 和插件系统，可以与其他工具进行集成。

从应用使用场景来看，代码托管平台不仅用于开源项目管理，还服务于软件开发、信息技术服务管理、学术研究、教育等。在软件开发过程中，代码托管平台可提供完整的代码管理、项目管理和协作工具，IT 服务提供商可以使用代码托管平台管理项目和服务请求，跟踪问题并与开发者沟通。在开源项目管理中，维护者可以借助代码托管平台来管理项目代码和开发过程，以便与全球的开发者进行交流和协作。此外，代码托管平台还可以用于高校和科研机构，帮助学术研究人员进行代码、数据和文档等研究项目管理，支持教师和学生进行课程项目的开发和管理，提高学生的实践能力。

全球主流代码托管平台发展现状

一、国外代码托管平台——GitHub

GitHub 起源于美国，由当时 Ruby 语言的 Rails 框架创始人之一 D.H.H（David Heinemeier Hansson）创建，并于 2008 年 4 月 10 日正式上线。如今，GitHub 作为全球最大的开源项目托管平台，吸引了大量知名企业和开发者使用其服务，如苹果、亚马逊、谷歌等科技巨头。随着时间的推移，GitHub 不断增加新的功能，如订阅、讨论组、文本渲染、在线文件编辑器、协作图谱（报表）、代码片段分享（Gist）、Actions、Copilot 等，使其迅速成为全球开发者协作和分享代码的首选平台之一。

1. 发展现状

从平台项目数量来看，生成式 AI 项目呈现爆发式增长。GitHub 2023 年度报告显示，该年 GitHub 平台上共有超过 4.2 亿个项目，其中共新增了 6.5 万个生成式 AI 项目，同比增长 248%，这一增长推动 GitHub 总项目数的年增长率达到 27%[①]。生成式 AI 逐渐成为主流，越来越多的开发者积极参与到生成式 AI 项目中，其中包括 LangChain（开源 LLM 应用开发框架）和 Stable Diffusion（开源图像生成模型）等，这些项目在 2023 年度贡献者数量排名前十。麦肯锡报告显示，生成式 AI 的价值创造潜力极为惊人。预计到 2030 年，

① 《GitHub 2023 年度报告：AI 与开源行业总结》。

它将为全球经济贡献约 7 万亿美元的价值，比传统 AI 的潜在经济效益高出 50%。此外，GitHub 上私有项目数量增长显著，私有项目数量占 GitHub 上所有项目的 80%以上。例如，在 GitHub 上排名前 20 位的开源生成式 AI 项目中，一些顶级项目由个人拥有。

从平台用户规模来看，全球开源开发者整体规模不断扩大。截至 2023 年，GitHub 全球开发者总数超过 1 亿人，年增长率达到 26%。根据 GitHub 上开发者的全球分布数据，美国拥有超过 2020 万名的开发者，仍然是全球最大的开发者社区。2023 年，美国开发者在 GitHub 上的增长约为 21%。此外，亚太、非洲、南美洲和欧洲等地区的开发者社区逐年扩大，其中印度、巴西和新加坡处于领先地位。以印度为例，2023 年共计新增了 350 万名开发者，年增长率达到 36%。而新加坡是亚太地区当年开发者人数增长最快的国家，开发者占总人口的比例最高，且以 39%的年增长率，在全球开发者增长率排名中位列第一。

从开发工具使用情况来看，平台开发者主导其应用方向。在编程语言方面，JavaScript 仍占据主流地位。编程语言作为程序设计最核心的工具，在提高开发效率、质量、降低软件开发成本等方面发挥了至关重要的作用。GitHub 2023 年度报告显示，JavaScript 牢牢占据 GitHub 上最常用编程语言的首位，其次是 Python。而 TypeScript 在 2023 年首次取代 Java 语言成为 GitHub 上第三大受欢迎的语言，数据显示其用户群在去年增长了 37%[①]。此外，随着大模型与开源的深度融合，平台用户对于算力和数据的需求急剧增长，GitHub 上用于数据分析和操作的流行语言和框架使用频率也随之增加。例如，2023 年 T-SQL 和 TeX 等编程语言的使用均有所增长，反映出越来越多的数据工作者开始广泛使用开源平台及相关工具，编程语言的应用范围也不再限于传统软件开发领域。在工作流程方面，自动化管理工具的使用频率不断增加。2023 年，开发者使用 GitHub Actions 的时间增加了 169%，主要用于自动化公共项目中的任务、开发 CI/CD 管道等。平均而言，开发者在公共项目中每天使用 GitHub Actions 的时间超过 2000 万分钟。GitHub 2023

---

① 《GitHub 2023 年度报告：2023 年开源状况和人工智能的崛起——掘金》。

年度报告数据显示，截至 2023 年，GitHub Marketplace 中的 GitHub Actions 数量已突破 20000 个，凸显了平台上开发者对 CI/CD 和社区管理自动化的认识正在不断增强。

2. 发展历程

（1）创立与初期发展阶段（2008—2010 年）。2008 年 4 月 10 日，GitHub 由 Tom Preston-Werner、Chris Wanstrath 和 PJ Hyett 正式创立。它最初的目标是为开源项目提供一个易于使用的代码托管平台，并吸引了 Ruby 开发社区的关注。他们将 Grit 与 Ruby 语言编写的 Web 应用程序接口相结合，形成了 GitHub 的雏形。2009 年，GitHub 增加了对私有存储库的支持，使得个人和组织可以在不公开发布其代码的情况下进行协作。2010 年，GitHub 推出了 Gist 功能，可以用来共享和讨论代码片段。此外，GitHub 还引入了 GitHub Pages，这是一项允许用户轻松创建和托管静态网站的功能。

（2）快速增长阶段（2011—2014 年）。2010 年，其他编程语言社区的开发者发现，在 GitHub 上分享代码和项目极为便利，很快就在 GitHub 上形成了协作社区，用户群体迅速扩大。到 2012 年，GitHub 宣布拥有超过 100 万名注册用户和大量有价值的开源项目，逐步成为全球最受欢迎的开源代码托管平台之一。投资者开始认识到 GitHub 的潜在商业价值，为其提供了大量投资资金。这个时期，GitHub 的用户和托管项目数量快速增长，其功能也愈加完善。2014 年，GitHub 推出了 GitHub Enterprise 版，为企业用户提供私有代码托管解决方案。这使得企业能够在自己的内部网络上搭建 GitHub 服务。除基本的 Git 代码仓库托管和 Web 管理界面外，GitHub 还不断扩展其功能，包括订阅、讨论组、文本渲染、在线文件编辑器、协作图谱（报表）和代码片段分享（Gist）等。

（3）微软收购与整合（2018 年）。2018 年 6 月 4 日，微软宣布以 75 亿美元的股票交易形式收购 GitHub。这一收购使得 GitHub 获得了更多的资源和支持，加速了未来的发展。具体表现为以下几方面：①用户规模持续扩大。根据微软公开披露的数据，收购时 GitHub 的活跃用户仅为约 2800 万人，

2022 年 GitHub 活跃用户为约 7300 万人，而 2023 年，GitHub 的活跃用户已经超过了 9000 万人。②基础功能不断完善。微软收购后，GitHub 继续推出新的功能和改进，如基于云的集成开发环境（IDE）Codespaces，以及更强大的协作和安全性功能，支持推出新产品 GitHub Actions，为开发者提供自动管理代码、测试和技术支持等服务①。③营收能力显著提升。在 GitHub 被微软收购满 4 年后，微软公布 GitHub 的年度经常性收入已经增长到 10 亿美元，与 2018 年被收购时的年度经常性收入（ARR）只有 2 亿~3 亿美元相比，GitHub 的营收能力大幅增强。

（4）领导层变更与持续创新（2019 年至今）。2021 年 11 月，微软宣布 GitHub 首席执行官 Nat Friedman 卸任，他的职位将由 GitHub 首席产品官 Thomas Dohmke 接任。Friedman 作为开源世界中值得开发者信赖的领导之一，在他担任 CEO 的 3 年任期内，帮助 6000 名员工从支持闭源转变为拥抱开源。在他的领导下，GitHub 保持了良好的独立性与中立性。新任 CEO Dohmke 明确表示，GitHub 整体发展路线不变，包括 GitHub 将继续推进以 Copilot 为代表的 AI 项目、保证 GitHub 能够切实匹配开发者的当前使用场景和需求，以及始终秉持着创作者社区的基本定位等。此外，GitHub 始终保持着对开源和私有软件项目的支持，并持续推出新功能。

3. GitHub 的功能

（1）为开发者提供丰富的技术资源。涵盖了从前端开发框架 HTML、CSS 和 JavaScript 到后端开发语言 Python、Java 和 Ruby；从移动应用开发语言 Swift 和 Kotlin 到数据科学领域常用的 Python 和 R 语言；从人工智能框架 TensorFlow 和 PyTorch 到云计算 Docker 和 Kubernetes。此外，平台所提供的资源不仅限于代码，还包括教程、实践案例、研究论文乃至完整的课程，为初学者和高级开发者提供了全面的学习材料。

（2）便于中国开发者的访问和学习。对于非英语母语者，特别是中国开发者来说，GitHub 上的中文资源是一个宝库。这些资源使得中国开发者能够

---

① GitHub 上线"打赏"功能。

更容易地理解和掌握复杂的概念和技术。平台提供中文文档、教程等支持服务，降低了中国开发者学习和使用新技术的门槛。

（3）提供社交功能。GitHub 作为世界顶级开发者的聚集地，汇聚了庞大开发者及众多优秀开源项目。开发者可以与其他开发者展开交流讨论，分享经验与技术，从而建立自己的专业网络和人脉。

二、国内代码托管平台发展情况

近年来，我国涌现了 Gitee、GitCode、GitLink、AtomGit 等一系列代码托管平台，它们呈现差异化的发展格局。从平台定位、功能、受众等方面看，可将它们分为两类。

一类是基于 Git 的代码托管与研发协作平台，主要为企业、开发者、公众等提供代码托管与下载、软件开发协作等服务。其中，Gitee、GitCode 和 GitLink 是典型代表。

另一类是专注为企业提供软件研发、管理、协作等一体化解决方案的代码管理平台，包括代码托管、版本控制、集成与交付、项目管理等功能。代表平台包括 CODING、百度效率云、云效 Codeup（阿里）、华为云 CodeArts 等。

1. Gitee

Gitee 又称码云，是 OSCHINA.NET 2013 年推出的代码托管平台，支持 Git 和 SVN，并提供免费的私有仓库托管服务。该平台汇聚了几乎所有本土原创开源项目，覆盖了如区块链、Web3.0、隐私计算、人工智能、操作系统，以及上层应用软件等前沿技术领域。

在用户及项目规模方面，Gitee 平台目前已经汇聚了 1200 万名开发者，为超过 10 万家企业提供服务，托管代码仓库的数量高达 2500 万个[①]。经调查统计，Gitee 平台上的开发者中，19～29 岁的用户占比为 54.1%，30～39 岁的用户占比为 33.3%（见表 3-1），其中，个人开发/兴趣开发中使用占比

①《中国 DevOps 现状调查报告（2023）》。

64.8%，工作项目/企业项目开发中使用占比 35.2%（见表 3-2）。在 26 万家企业中，广东、北京、江苏、上海的企业最多，占整体的 42%。截至 2024 年 2月，该平台托管的开源项目已超过 800 万个[①]，汇聚了众多国内知名的优秀开源项目，包括 OpenHarmony、openEuler、MindSpore、龙蜥、百度 PaddlePaddle、蚂蚁 OceanBase 数据库、腾讯 Tars 等开源项目。

表 3-1　Gitee 个人项目使用开源软件占比/开发者年龄结构

选项	百分比
18 岁及以下	5.1%
19 ~ 29 岁	54.1%
30 ~ 39 岁	33.3%
40 ~ 49 岁	6.4%
50 岁以上	1.1%

表 3-2　Gitee 项目使用分类

选项	百分比
个人开发/兴趣开发中使用	64.8%
工作项目/企业项目开发中使用	35.2%

在功能服务方面，一是实现基于 Git 协议的版本控制，包括数据存储、数据同步等方面。二是代码托管功能，实现代码的存储、备份、恢复和版本控制等功能，同时保障数据的安全性和可靠性。三是协同编辑功能，实现多人实时同步，解决冲突，并进行权限控制。四是代码审查功能，实现代码审查、提交审核、代码合并等，确保代码质量和代码的可维护性。五是社区功能，开发者可围绕代码分享、知识库管理进行交流和分享。

在业务模式方面，Gitee 针对不同用户主体需求，推出多种产品形态以满足市场需求。一是打造全球第二大的代码托管平台社区。二是针对企业，Gitee 推出了企业版和专业版，提供企业级 DevOps 服务降低成本并提高效率；三是为了服务千人以上的大型研发团队，Gitee 推出了旗舰版，提供专业化的本地技术支持服务。四是针对高校教学服务，Gitee 推出了高校版，提供多种

---

① Anolis OS 获 Gitee 最有价值开源项目称号。

场景教学模式的支持。

2．GitCode

GitCode 是 CSDN 联合华为于 2020 年 9 月基于国际知名开源项目 GitLab 打造的代码托管平台。为解决其可拓展性等技术问题和业务发展问题，CSDN 成立了重庆开源共创科技有限公司，联合华为基于华为云 CodeArts 平台底座于 2023 年 9 月进行了整体重构，专注于为开发者提供安全、高效、便捷的代码托管、协作开发、项目管理等服务。依托于 CodeArts 一站式、全流程、安全可信的软件开发生产线与 CSDN 数以千万的开发者，秉承"创新、开放、协作、共享"的开源价值观，旨在为大规模开源开放协同创新助力赋能，打造创新成果孵化和新时代开发者培养的开源创新生态。

在功能服务方面，一是提供代码托管服务，给开发者提供一个安全、可靠的云端环境进行代码托管。二是提供代码仓库管理，通过集成代码仓库，便于开发者进行版本控制和协作。三是提供可信赖的开源组件库，方便开发者的使用和贡献。四是进行社区管理，通过增强社区互动，包括社区管理和 discussion 功能模块。五是提供项目管理工具，帮助团队更高效地协作。六是提供代码超级仓，提供超级仓支持。

在业务模式方面，一是通过明确战略目标，积极进军全球市场，旨在成为中国最大的开源开发者社区，构建一个与 GitHub、Hugging Face 并驾齐驱的开源生态。二是将用户和项目进行迁移。通过 CodeArts 和 CSDN 的深度绑定，探索推动用户和项目的迁移，以此聚集中国开发者和优质项目。三是构建底层技术基础。依托华为的开源底层技术体系，构建自主可控的技术生态基础。四是全面布局全球开源生态。通过 GitCode 社区开发者参与全球顶级开源项目，形成以 GitCode 为核心的中国开源力量。

3．GitLink

GitLink（确实开源）是中国计算机学会（CCF）官方开源创新服务平台，以"为开源创新服务"为使命，以"成为开源创新的汇聚地"为愿景，致力于为大规模开源开放协同创新助力赋能，构建开源创新生态，促进创新成果的孵化和新工科人才的培养。

在用户及项目规模方面，截至 2024 年 7 月，GitLink 平台用户规模已超过 85000 人，覆盖全球 1000 多家组织。该平台汇聚腾讯、百度、阿里巴巴、亚马逊云科技、滴滴等行业尖端开源项目，托管各类开源项目 1398962 个，镜像项目 33610 个，项目类别涵盖程序开发、Web 应用开发、数据库、操作系统等。

在功能服务方面，一是基于 Git 打造分布式代码托管环境，提供分布式协作开发支持。二是搭建一站式的项目过程管理环境，支持各类开发任务的发布、指派与跟踪等。三是融合 DevOps 思想，提供轻量级的工作流引擎，打通编码、测试、构建、部署等开发运维环节。四是提供软件多层次代码分析，实施有效的开源治理。五是实时采集和分析平台中的各类开源资源数据，构建多维度用户画像评估系统。

在生态建设方面，一是每年举办 CCF 开源创新大赛，设计代码评注、任务挑战、案例教学和项目贡献 4 个不同类型和难度的赛道，通过独特的赛事设计和丰富的奖金激励开发者积极参与开源生态建设。二是推广开源校园行活动，如编程夏令营（GLCC），通过联合高校、开源基金会、开源企业、开源社区、开源专家，为青年学生提供开放交流平台，推动国内开源社区的繁荣发展。

4．AtomGit 平台

2023 年 6 月，开放原子开源基金会联合阿里云、CSDN 等企业共同发布了 AtomGit 代码托管平台。该平台为国家级的开源协作平台，致力于推动中国开源事业的发展和技术创新。平台以其高性能、高安全性和高可用性为基础，专注于为开源组织、开发者、企业和教育机构提供全方位的研发协同解决方案。截至 2024 年 8 月，AtomGit 累计注册用户 120 万人。

在功能服务方面，平台核心功能主要包括用户组织管理、代码托管、代码评审、项目管理、安全扫描、开放市场、CI/CD、Actions 等；提供分布式、安全、高可用的源码管理、高效的代码评审、丰富的应用市场，以及灵活的开源社区运营专区。

在业务模式方面，AtomGit 平台针对地方政府、企业、高校、垂类技术领域对基础设施有需求的单位，推出了"开源运营专区"产品，支持将 AtomGit 代码协作平台的工具能力以 SaaS 的方式输出，支持地方政府、企业、高校、垂类技术领域等单位打造自身开源品牌，整合区域或领域内的开发者、开源软件、开源企业，实现资源的共享和复用，推进开源软件的产业落地，降低在基础设施建设方面的成本投入。

在生态建设方面，一是通过联合国内其他代码托管平台如 GitCode、Gitee 等，合作打造国内开发者数据中心、开源项目数据中心，构建一个综合的核心数据中心，与各平台一起建立一个开源数据中心，支撑我国开源生态发展。二是依托基金会资源优势，联合各方，建立开源软件备份目录，统筹基础开源软件的备份与更新，提升我国开源生态的稳定性和可持续性。

5. 红山开源平台

2022 年 10 月，北京大数据先进技术研究院推出红山开源平台（osredm.com）。该平台依托互联网群体智慧，面向国家重大战略科技需求，涵盖大数据、人工智能、基础软件、科学仿真、移动应用等众多领域，依托开源攻关、创客任务、开放竞赛 3 种典型创新组织模式，致力于打造一个"开放、汇聚、协同、众创"的开源生态空间。

在用户及项目规模方面，截至 2024 年 8 月，平台汇聚了 105006 名用户、托管了 6481 个开源项目、发布了 294 个创客任务，其中包括托管众多明星开源项目，如 openKylin、NNW 风雷软件、IDRLnet 飞行器设计开源框架等。

在功能服务方面，平台集开源代码托管、开源项目演化发展、科研任务众包、竞赛组织选拔和社区开放交流等功能于一体。其中，开源项目板块包括项目托管、版本管理等功能，为开源协作和群智汇聚提供创作环境。

在业务模式方面，平台通过持续发布各类创意征集、创客任务和科研外协任务，针对特定问题，以众包形式面向大众征集创意概念、技术成果和解决方案，不定期举办面向特定技术领域的开放竞赛、沙龙等活动。

在生态建设方面，红山开源平台致力于构建一个充满活力的社区生态，通过举办各类活动和竞赛，促进开发者之间的交流与合作，同时在升级技术与服务过程中，持续强化安全与合规性；通过组织开展多项开源教育与培训活动，积极探索开源商业模式，为企业提供定制化解决方案，促进项目的可持续发展。

打造高质量的自主代码托管平台

　　GitHub 作为全球最大的开源代码托管平台，它按照美国政府的要求于 2022 年封禁了俄罗斯开发者账户，此类事件为各国敲响了"开源无国界、但开源组织有国界"的警钟。可见，加快开源代码托管平台建设和应用推广，无疑是一个国家开源创新的能力基础。近年来，国内相关平台持续积极探索成长和发展路径。但总体来看，国内代码托管平台相较国外代码托管平台仍有较大的成长空间，尤其是在聚集开源资源和打造开发者协作生态方面，国内开发者和企业可能更倾向于使用 GitHub。

　　未来，需从多方面发力，以提升我国代码托管平台综合实力，良性竞争、繁荣发展的代码托管及社区协作生态，为开源软件创新发展蓄满活力。具体来说，一是探索开源发展新模式、新机制。积极探索软件开发群智范式新模式，设计符合我国国情和技术发展要求的群智开源新机制，构建成体系的新型开源基础设施。二是加强代码托管平台间的协同。通过监控跨平台代码质量、协作效率、问题解决速度，评估协同工作的成效，并据此持续优化改进跨平台协同方案，包括调整协作流程、改进工具使用、加强人员培训等。三是加大对代码托管平台建设的扶持力度，引导投资机构、科技企业等主体参与平台建设，重点培育若干个具有较好基础的重点代码托管平台。四是推动重点代码托管平台运营企业加大投入，优化平台性能，完善代码管理、协作开发、访问控制、克隆备份等功能，提高平台的稳定性、易用性、安全性和中立性。五是发挥开源基金会的作用，引导企业依托国内代码托管平台开源一批具有行业影响力的软件项目，引导国内各代码托管平台协同合作，积极培育我国开源生态环境。六是鼓励并支持我国平台积极拓展海外市场，吸引国际开发者团队、行业企业和优秀的开源项目入驻，以提升我国平台在国际开源生态的影响力。

第四讲

开源的“舞台与规则”——开源项目与社区

故事引入：OpenHarmony 的"成长史"

OpenHarmony 是由开放原子开源基金会孵化及运营的开源项目，目标是面向全场景、全连接、全智能时代，基于开源的方式，搭建一个智能终端设备操作系统的框架和平台，促进万物互联产业的繁荣发展。同时，鸿蒙操作系统（HarmonyOS）依托开源模式，加速生态建设，截至 2024 年 6 月，鸿蒙生态设备数量超过 9 亿台，开发者达 254 万人，加入鸿蒙生态的应用超过 5000 个[①]，在智能家居、智能穿戴、智能汽车等领域展现出了巨大潜力和竞争力。

OpenHarmony 作为开源版本，与商业版 HarmonyOS 共同迭代演进（见图 4-1），主要经历以下 3 个发展阶段。

萌芽阶段（2012—2019 年）。2012 年，华为首次提出鸿蒙操作系统的概念。2016 年 5 月，鸿蒙在华为软件部内部正式立项并开始投入研发，并于 2019 年 8 月正式发布了 HarmonyOS 1.0，率先部署在智慧屏上。

形成阶段（2020 年）。2020 年 9 月，华为发布 HarmonyOS 2.0，并将其基础能力部分开源出来，捐赠给开放原子开源基金会，正式成立 OpenHarmony 开源项目，上线 OpenHarmony 1.0 版本。项目遵循 Apache 2.0 等开源协议，目标是面向全场景、全连接、全智能时代，基于开源的方式，

---

① 华为官网。

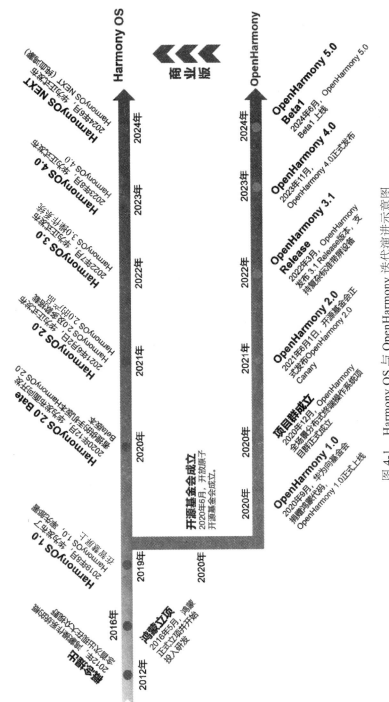

图 4-1　Harmony OS 与 OpenHarmony 迭代演进示意图

搭建一个智能终端设备操作系统的框架和平台。2020 年 12 月，OpenHarmony
全场景分布式终端操作系统项目群正式成立，该项目群由中国科学院软件研
究所、华为终端公司、京东集团等 7 家单位组成，共同规划 OpenHarmony 的
持续发展。

发展阶段（2021—2024 年）。自 2021 年起，开放原子开源基金会陆续发
布 OpenHarmony 2.0、OpenHarmony 3.0、OpenHarmony 4.0、OpenHarmony 5.0
Beta1 版本，开发套件同步升级，应用开发能力逐步丰富。截至 2024 年 3 月，
OpenHarmony 社区累计超过 7300 名贡献者，共 70 家共建单位[①]，覆盖教育、
金融、交通、政务、矿山等众多应用领域。值得关注的是，2024 年 6 月，
华为正式发布 HarmonyOS NEXT Beta 版本，去除安卓 AOSP 代码，并对内
核、文件系统、编程语言、集成开发环境等进行了全面更新，第三方应用加
速适配。

未来，随着 OpenHarmony 社区开发者、共建单位、合作伙伴等的持续贡
献，OpenHarmony 项目将逐渐孵化成熟，并持续落地赋能各行业领域，面向
万物互联场景的开源鸿蒙生态也将持续发展壮大。

---

① OpenHarmony 社区运营报告（2024 年 3 月）。

开源项目的培育

开源项目培育是促进开源技术转化和成果产出的关键环节，也是加速开源成果成熟商用的有效途径。目前，开源已由软件拓展至信息技术产业的各个领域，在全球范围内形成数以亿计的开源项目，包括开源软件项目、开源硬件项目、开放数据项目等。开源软件项目指可以公开获取源代码的软件项目，遵循开放软件源码、软件产品可自由发行、允许衍生、保护原始代码的完整性、对用户和使用领域的无差别对待及技术中立等原则。开源硬件项目则是指设计文件向公众发布的硬件项目，任何人可以制造、修改、分发并使用[①]，如 RISC-V 指令集。此外，开放数据项目是开源精神在数据领域的体现，它秉承开源世界倡导的平等、自由的价值观，强调非歧视性、机器可读性和开放授权性，如政府数据开放平台。

近年来，全球开源项目数量呈指数级增长。到 2024 年 7 月，全球开源项目总规模已突破 4 亿个。其中，一系列明星开源项目如深度学习框架 TensorFlow、大数据框架 Hadoop、容器编排引擎 Kubernetes 等不断涌现，引领着信息技术产业的发展方向。

---

① 开放硬件、开源软件：华为之开放观 LinuxStory。

一、开源项目的生命周期

从开源项目的生命周期来看，可以分为种子期、萌芽期、成长期、成熟期和衰退期。

1. 种子期

种子期的项目已经从一个想法或提议进入早期实现阶段，通常由发起者进行维护。在此期间，发起者需要明确项目的目标市场及其定位，能够清晰传达项目想要解决的问题，并为后续项目贡献者的加入营造更好的贡献环境①。除项目发起者及直接环境以外，外部组织或个人对项目发展影响不大。

2. 萌芽期

在该阶段，项目所有者作为项目的"守门人"，对项目开发至关重要，但项目设计的某些方面可以由初始项目所有者以外的其他人领导，并因此围绕该项目建立了一个社区，外部开始对项目未来产生影响，同时项目能够在一组严格的标准内独立运作。

3. 成长期

成长期的项目及其社区不再受原始项目发起者的控制，即使项目发起者完全撤出，该项目也能继续运转。社区内部开始建立完善运行机制，能够自我组织并在项目管理结构中发挥重要作用。虽然项目发起者对于项目的生存仍然非常重要，但在经过有组织的过渡以后，其他候选人也可以胜任项目负责人一职。

4. 成熟期

在该阶段，围绕项目建立的社区已经能够自如地运作，为项目发展作出决策，以满足各种用户和贡献者的需求。即使项目脱离了原始项目发起者和当前项目负责人，也能独立生存。

---

① 2022-30：如何维护一个开源项目。

5. 衰退期

技术发展趋势变化、项目社区运营不善、开发者兴趣转移、用户规模缩减等,会导致项目活跃度下降,发展缓慢甚至停滞,进而项目将进入衰退期。开源项目发展到任何阶段都有可能直接进入衰退期,项目进入衰退期只意味着项目社区不足以支持项目发展,不代表项目代码不可用。

二、国外开源项目培育机制

通常情况下,开源基金会为开源项目的孵化提供技术、运营、法律等全方位支持,发挥着开源项目培育孵化器和加速器的作用。下面将具体介绍开源项目在国内外知名开源基金会中成长孵化的全过程。

1. Apache 孵化器[①]

Apache 孵化器(Apache Incubator)是 Apache 软件基金会(ASF)的重要组成部分,它为初创项目提供了一个安全、稳定的成长环境。在这个过程中,孵化器不仅提供技术支持和资源整合,还通过一系列规范和流程确保项目的健康发展,包括初始代码导入、社区构建、项目发布等关键环节,以及如何通过投票机制来确保项目的可持续性。

(1)初始代码导入。在 Apache 孵化器项目中,初始代码导入是一个重要的起始步骤。为了确保项目的合规性,孵化器遵循特定的流程将代码捐赠给 ASF,这个流程基于软件授权协议和/或企业贡献者许可协议(CCLA)。在初始代码导入之前,项目发起者需要与 ASF 签订协议,明确双方的权利和义务。一旦初始代码导入完成,孵化器将对初始代码进行质量检查和评审,以确保其符合 ASF 的标准和规范。

(2)社区构建。在孵化过程中,项目的核心开发者和贡献者将逐渐形成一个社区。这个社区的构建对于项目的成功至关重要。孵化器鼓励项目发起者通过各种渠道吸引和招募新的社区成员,如技术博客、社交媒体、开源会

---

① Apache 孵化器指南:从项目启动到毕业的全方位指导——百度开发者中心。

议等。此外，孵化器还会为项目提供宣传和推广的支持，以增加项目的知名度和影响力。在社区构建的过程中，孵化器将密切关注社区的活跃度和多样性，以确保项目的可持续发展。

（3）项目发布。在 Apache 孵化器项目中，项目发布是衡量项目成熟度的重要标志之一。在孵化期间，项目需要发布多个软件版本，并逐渐向符合 ASF 发布政策的最终目标迈进。为了确保发布的软件符合 ASF 的标准，孵化器将对发布的版本进行严格的审核和测试。此外，为了方便用户使用，项目通常会一同分发编译过的软件包。但需要注意的是，编译过的软件包只是为了方便用户使用，重点仍然是实际发布的源代码。所有分发的编译过的软件包都是基于正式发布的源代码。

（4）投票机制。在 Apache 孵化器项目中，投票机制是确保项目健康发展的重要保障之一。ASF 的投票规则采用多数投票法，投票过程持续至少 72 小时。在投票过程中，如果项目管理委员会（PMC）成员给出至少 3 张赞成票（+1），并且赞成票多于反对票（−1），就算投票通过。如果第一次投票未能通过，则会在孵化器 PMC 上进行第二轮投票。与所有 ASF 版本发布一样，这是使投票成为基金会行为的规定动作。

2. CNCF 中的项目治理[①]

云原生计算基金会（CNCF）是 Linux 基金会旗下的一个基金会，其成立的初衷是推动云原生计算的可持续发展，同时帮助云原生技术开发人员快速构建出色的产品。

开源项目加入 CNCF 后的整个运作流程见图 4-2。

CNCF 根据"鸿沟理论"将托管在基金会的项目分成 3 个阶段（见图 4-3），即沙箱项目、孵化中项目、已毕业项目，并设置了项目晋级到更高阶段的标准。

---

① CNCF（云原生计算基金会），《Kubernetes 中文指南/云原生应用架构实践手册（2019.10）》，书栈网。

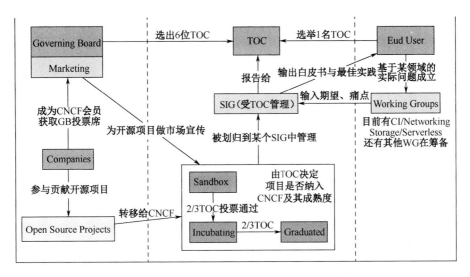

图 4-2 开源项目加入 CNCF 后的整个运作流程

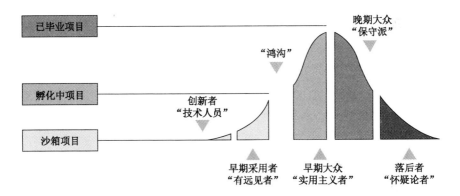

图 4-3 CNCF 中开源项目培育的 3 个阶段

CNCF 的开源项目孵化服务仅针对会员企业。在加入 CNCF 孵化前，必须在 GitHub 上提交提案（GitHub Issue），列举项目介绍、现状、目标、许可协议、用户与社区等，并将知识产权转移给 CNCF。在开源项目获得 2 名 TOC 成员的赞成后，可进入沙箱阶段（Sandbox），也可以直接获得 2/3 多数 TOC 投票进入孵化阶段（Incubating）。但是 CNCF 会控制不同阶段的项目比例，升级到 Incubating 或毕业阶段（Graduated）至少需要 2/3 的 TOC 成员（6 名或以上）投票赞成，并将每年进行一次评审。

具体来看，开源项目进入 Sandbox，需要满足 CNCF 对开源的项目名称、项目描述、许可协议、源代码、沟通渠道、社区规模等一系列基础要求。由 Sandbox 升级到 Incubating，则要求开源项目通过 TOC 的尽职调查，至少有 3 个独立的终端用户在生产上使用该项目，拥有足够健康数量的贡献者（项目的 GitHub 上有明确的 committer 权限划分、职责说明及成员列表，TOC 根据项目大小确认 committer 数量，评判是否健康），项目拥有持续进行、良好的发布节奏、贡献频率。由 Incubating 升级到 Graduated，则至少需要有来自两家组织的贡献者，有明确定义的项目治理及 committer 身份、权限管理，并获得核心基础设施计划（CII）最佳实践徽章。

三、国内开源项目培育机制[①]

开放原子开源基金会是国内首个开源基金会，承担着构建开源项目发展体系、完善项目战略性布局、孵化培育开源项目的重要任务。其中，基金会的项目孵化是其核心工作之一。基金会通过孵化项目来推动开源技术的发展和普及。

以下是基金会的项目孵化流程（见图 4-4）。

（1）项目预评估：任何个人或组织都可以向基金会申请成为孵化项目。申请者需要提交项目简介、开发计划、团队成员等信息，基金会将对项目进行项目信息完整度评估等预审工作，最终由基金会的技术监督委员会发起人（TOC Sponsor）审议通过，进入项目评审阶段。

（2）TOC 评审：基金会对申请的项目进行项目辅导，TOC 对评估项目的可行性、技术成熟度、市场需求等因素进行审核，由基金会的技术监督委员会（TOC）通过后，进入项目孵化筹备阶段。

（3）孵化筹备：进入孵化筹备阶段的项目，经合规背调、复检等流程，通过的项目将正式签署项目孵化相关协议，进入正式孵化阶段。

（4）项目孵化：进入孵化阶段的项目，基金会将提供一系列资源支持，包括资金、技术、人才等，以帮助项目快速成长。经过一段时间的孵化，项目逐渐成熟并得到市场的认可[②]。

---

① 开放原子开源基金会项目募集说明。
② 开放原子开源基金会官方邮箱：sponsorship@openatom.org。

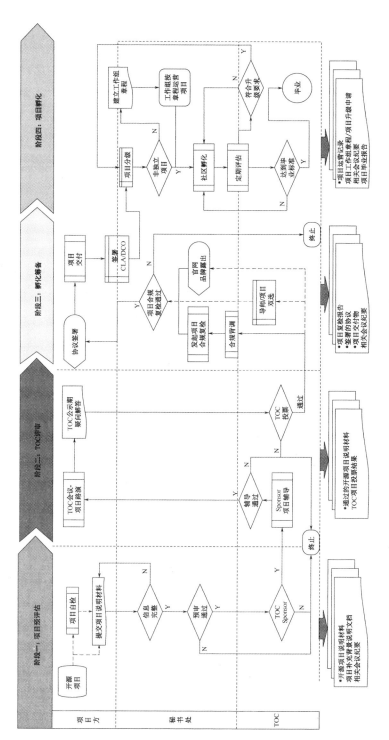

图 4-4 开放原子开源基金会项目引入及孵化流程

开源社区的建设与运营

开源社区（Open Source Community），又称开放源代码社区，通常由拥有共同兴趣爱好的人组成，是根据相应的开源软件许可证协议公布软件源代码的网络平台，同时也为网络成员提供了自由学习交流的空间。

常见的开源社区包括[①]：

（1）围绕特定开源项目建立的项目型社区，如开源欧拉、龙蜥、开源鸿蒙、OpenCloudOS、开放麒麟、深度、openGauss、TiDB 等社区，大部分由发起机构或企业来资助或直接运营。

（2）主张多元化内容分享的媒体类开发者社区，如 CSDN、InfoQ、51CTO、掘金等社区，不局限于某一项技术或产品讨论。

（3）具备开源代码、项目孵化、开源治理、媒体等多种服务功能的服务型社区，如 GitCode、Gitee、GitLink 等，为开发者提供项目协作、互动交流的平台。

（4）由开源爱好者自发形成的用户型社区，如 LinuxFans、GoCN 社区、Python 中国社区等，以知识分享、经验交流和传播开源文化为主要目标。

一、开源社区定位

开源社区与开源项目、开发者、开源基金会密不可分，它通过集聚开发

---

① 《2023 中国开源发展蓝皮书》。

者力量、共享资源和知识、促进协作与创新，为开源的发展和繁荣提供了根本动力。

开源社区是开源项目的孵化器。开源社区为开源项目的诞生和成长提供了土壤，开发者可以在此基础上自由地创建和发展新的项目，社区的多样性和开放性使得各种创意和解决方案得以碰撞和融合，通过集体的智慧和力量，帮助开源项目逐渐成熟并走向成功。例如，Linux 开源社区通过构建一个由 1400 多家企业、15000 多名开发者参与的全球性技术协作网络，推动 Linux 操作系统的发展，使其成为高质量、快迭代、广应用的世界级操作系统，进而与微软 Windows 形成分庭抗礼的竞争格局。

开源社区是开源治理的实践场。开源社区倡导开放、透明的协作方式，在实践中不断探索和形成有效的治理模式。开发者可以参与到开源项目的管理和决策中，通过共同制定规则、决策和审查，确保项目的健康发展。这种分散的、去中心化的治理模式有助于降低风险、促进知识的共享和传播，并提高整个开源生态系统的稳健性。例如，Apache 软件基金会通过开源社区不断践行"Apache 之道"管理理念，核心思想是"社区重于代码"，社区治理遵循精英制治理模式，参与者通过贡献认可度来获得对项目的影响力。

开源社区是开源人才的协作地。开源社区聚集了大量的开发者，为其提供了分享知识、交流经验的平台。随着社区的发展，开源社区提供日渐丰富的开发工具，通过共同建设项目的模式，不仅提高了开发者的技术水平，还培养和挖掘了大量高水平开源人才，为开源事业输送了源源不断的人才资源。例如，中国开发者社区 CSDN 拥有 4700 万名注册用户，Gitee 注册用户规模达 1200 万人，Gitlink 注册用户规模达 120 万人，Gitlink 平台用户规模已超过 8.5 万人，覆盖全球 1000 多家组织。

开源社区是开源基金会的合作者。开源社区不仅为开源基金会提供了技术支持和人才支持，还通过参与基金会的活动和工作，为基金会的工作提供反馈和建议，使得基金会更有效地管理和维护开源项目。开源基金会为开源社区提供了资金支持和法律支持，帮助社区更好地孵化和发展开源项目，保障了开源社区的稳定和发展。例如，Linux 基金会为 Linux 内核社区提供了资金、法律和市场营销等多方面的支持，帮助开源项目实现商业化；Linux 内核社区汇聚了众多开发者，他们通过提交代码、参与邮件列表讨论等方式，保障基金会旗下项目的安全发展，并推动项目快速迭代更新。

二、国内外开源社区发展情况

从项目培育来看，国外开源社区原创性主导性强。据统计，全球 1000 个最知名的头部开源项目大多来自美国公司和基金会。我国关键领域仍以国外开源项目为底层技术，缺乏有重大影响力和话语权的开源产品，缺少由我国企业主导的开源根社区。例如，在人工智能领域，谷歌和脸书的开源人工智能框架 TensorFlow 和 PyTorch 已占据我国 85%以上的份额。在数据库领域，国产数据库大多是在国外 MySQL、PostgreSQL 等开源数据库基础上二次开发的，而国内衍生出的众多分支社区活跃度较低，尚未成功孵化出 MariaDB 等具备广泛参与度和认可度的开源产品。

从社区规模来看，国外顶级开源社区数量多、规模大。国外拥有众多顶级开源社区，如 Linux 内核社区、MySQL 社区、OpenStack 社区、Kubernetes 社区等，覆盖软件产业的诸多细分领域。其中，Linux 内核社区拥有数以百万计的用户群，根据 Linux 基金会数据，Linux 内核的贡献者数量已经超过 10 万人。Linux 在 GitHub 上的星标数量已经超过 3000 万人，成为最受欢迎的开源项目之一。近年来，国内开源社区规模不断增加，涌现出了开源欧拉、龙蜥、开源鸿蒙等一批明星开源社区。截至 2024 年 7 月，开源欧拉社区已经汇聚了 1600 多家企业伙伴，包括英特尔等知名厂商，拥有超过 300 万名用户和 1.9 万名开发者，拥有 100 余个特别兴趣小组，成为极具创新力的开源社区。

从社区治理来看，国内外开源社区治理机制、文化建设相对成熟。国外的开源社区治理机制相对成熟，形成了一套完善的规则和方法论。Apache 软件基金会采用"投票"的决策机制，确保社区决策的公平性。Linux 社区建立了完善的代码评审机制，确保代码的质量和一致性。美国政府以政策鼓励开源社区建设，形成了积极向上、开放包容的社区氛围。国内的开源社区治理机制处于初步探索阶段，社区治理结构不够完善，缺乏明确的组织架构和规章制度，以及有效的代码评审和质量控制机制；社区文化建设相对薄弱，团结协作、共建共享的社区氛围尚未形成。

三、国外开源社区发展经验

（1）重视基础设施建设。GitHub 提供了多种强大工具，包含代码托管和协作、版本控制、代码审查、自动化部署等，使得开发者能够高效地共享、讨论和贡献代码，并拥有丰富的 API 和插件生态系统，能够根据开发者自身需求定制服务。

（2）充分激发开源参与者活力。Linux 社区秉持倡导开放、透明和协作的文化理念，创新参与模式，利用邮件列表进行讨论、利用在线协作工具进行代码审查等。不仅提高了协作效率，还吸引了大量参与者。定期举办各种技术研讨会和黑客马拉松活动，设立"Linux Kernel Maintainer"奖项，激励作出杰出贡献的开发者，有效调动了开发者的热情。

（3）完善开源社区治理机制。Apache 软件基金会制定了详细的项目章程和开发计划，确保项目的稳定和可持续发展；采用"投票"的决策机制，鼓励所有成员参与决策过程，通过投票决定社区的重要决策和方向，确保决策的有效性和公正性；设立导师制度，为新成员提供指导和支持，这一制度有效地增强了社区的凝聚力和活力。

四、国内外开源社区的健康度评价

开源社区是开源生态的关键要素之一，是承载开源技术创新、产业协作、成果产出等全过程活动的新型载体，也是开源开发者的"精神家园"和"协作场"，对于提升开源创新效能、促进开源成果产出具有重要意义。开源社区的健康度评价类似对开源社区的"体检"，能够从开源社区发展的关键层面发现社区建设运营过程中存在的问题，对指导社区健康发展具有重要意义。

从全球来看，国外开源社区的评估平台和标准有 Linux 基金会的 LFX Insight、LF CHAOSS、OSS Insight、Bitergia Analytics、Github Innovation Graph 等，在评价范围和应用层面各有差异。国内则联合产学研用各方优势力量，推出 OSS Compass 开源生态评估模型，用来描述生态学背景下开源社区的健康状态。

1. LF CHAOSS 社区健康度评价

LF CHAOSS 是 Linux 基金会的一个项目，专注于创建指标、指标模型和软件，致力于推动社区健康度分析开源软件的建设工作[1]。它包括全球范围之内社区工作组的建设、社区健康指标体系的制定、开源指标数据的采集与开源分析工具等。

LF CHAOSS 社区对外主要提供两种产品：一是指标体系及评估模型；二是 Grimoirelab 及 Augur 两个软件平台[2]。指标体系及评估模型是通过一些开源社区或开源办公室（OSPO）的真实案例生成的，用于对开源生态或开源项目的健康维度进行评估，这些指标或模型的颗粒度可以根据需要进行调整。例如，PR 是否能够及时关闭，或计算某一时间段内新进多少开发者等，这些都是针对指标和模型在理论层面上的定义。Grimoirelab 和 Augur 这两个软件平台用来落地指标和模型，实时应用在自动化工具里，帮助用户了解指标和模型背后的含义，并将其应用到自己或自己感兴趣的开源社区当中。

2. OSS Compass 社区健康度评价

OSS Compass 开源指南针是国内首个用于开源生态健康评估的平台。该平台由国家工业信息安全发展研究中心、开源中国、南京大学、华为、北京大学、新一代人工智能开源开放平台（OpenI）、百度、腾讯开源联合发起并协作开发，它构建了一个包括生产力、稳健性、创新力 3 个维度在内的"开源生态"评估体系，涵盖 14 个指标模型（见图 4-5）[3]。

（1）在"开源生态"与"协作"之间，构建了 4 个模型，即协作开发指数模型、社区服务与支撑模型、组织活跃度模型和社区活跃度模型，这些模型旨在洞察开源项目的协作过程。

其中，协作开发指数模型用于观察开源开发过程中的协作情况，主要发生在代码开发阶段，因此该模型具备开源生态维度中生产力的属性。社区服务与支撑模型则表示社区为确保开源开发的顺利进行而提供的服务和支持能力，它是对生产力的支撑。组织活跃度模型反映了社区吸引上下游合作

---

① CHAOSS 官网。

② 度量分析开源社区健康度，助力企业开源生态健康发展——华为开源管理中心王晔晖。

③ 开源生态评估与度量的思考（二）——评估体系的多维空间。

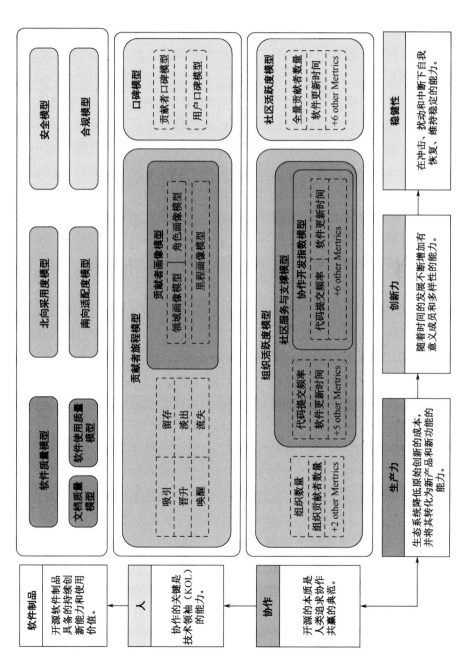

图 4-5 OSS Compass 开源社区健康度评估模型

伙伴共同协作的能力，因此具有开源生态维度中创新力的属性。社区活跃度模型描述整个社区的活跃程度，从稳健性角度观察社区的协作流畅度。

（2）在"开源生态"与"人"之间，构建了 3 个模型，即贡献者画像模型、贡献者旅程模型和口碑模型，这些模型能够深入洞察开源生态与人的互动关系的能力。

其中，贡献者画像模型旨在描绘开源项目中的贡献者特征和属性，深入了解各类贡献者在背景、技能、兴趣等方面的信息，从而更好地理解他们在开源生态中的角色和价值。贡献者旅程模型着眼于贡献者在开源社区中的成长过程，通过追踪贡献者的参与历程和经验积累，了解贡献者在不同阶段的需求、动机和挑战，为贡献者提供有针对性的支持和指导，促进贡献者的成长和发展。口碑模型关注开源项目在社区中的声誉和影响力，涵盖多个子模型，用于评估项目的可信度、用户满意度、知名度等方面的指标。通过对口碑模型的分析，我们能够清晰地了解开源项目在社区中的形象，以及它对外部利益相关者的吸引力和价值。

（3）在"软件制品"与"开源生态"之间，构建了 7 个评估模型，即具有生产力属性的软件质量模型、软件使用质量模型和文档质量模型；具有创新力属性的北向采用度模型和南向适配度模型；具有稳健性属性的安全模型和合规模型。

其中，软件质量模型旨在评估开源项目的软件质量水平，并通过考量代码的可靠性、稳定性和性能等方面的指标，对软件的质量进行客观评估。软件使用质量模型关注用户体验和功能性，通过评估用户界面、易用性和功能完整性等方面的指标，了解用户在实际使用中的满意度和体验。文档质量模型着眼于开源项目的文档资料质量，通过评估文档的准确性、完整性和易读性等方面的指标，判断文档质量的优劣。北向采用度模型和南向适配度模型关注开源项目与上游和下游技术环境之间的集成性、适用程度和受欢迎程度，可深入了解开源项目在技术生态系统中的互动情况。安全模型和合规模型着眼于开源项目的安全性和合规性，评估开源软件的安全特性和潜在风险，以及是否符合相关法规和标准要求，是评价开源项目可信度和合法性的重要指标。

根据调研，OSS Compass 大多用来监控开源项目生态发展情况、了解开源项目中贡献者的情况，以及了解开源项目之间生态发展的差距和改进措施等。

从整体来看，OSS Compass 可以实现对不同社区生产力、稳健性、创新性等方面的对比，分析社区发展整体健康水平。以数据库项目为例①，对比分析 OceanBase、TiDB、openGauss、etcd、RocksDB 等开源社区在一段时期内的发展情况（见图 4-6 至图 4-9），对针对性改进社区运营具有一定的积极意义。

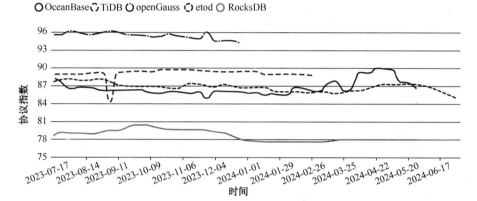

图 4-6　开源数据库项目协作开发指数对比图

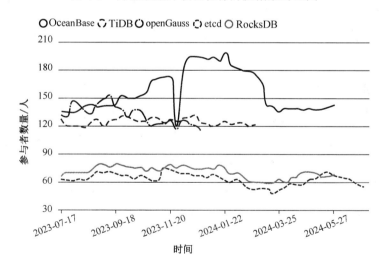

图 4-7　开源数据库项目活跃度情况对比图

---

① OSS Compass 官网。

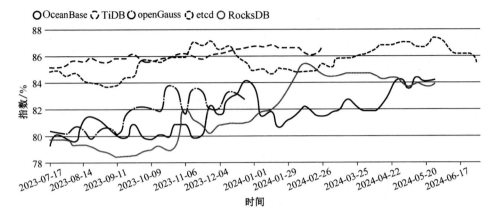

图 4-8 开源数据库项目代码参与者数量对比图

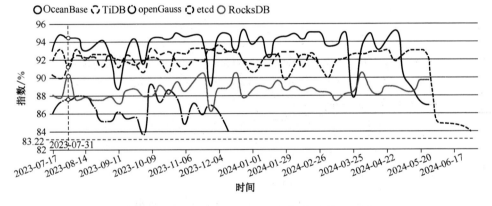

图 4-9 开源数据库项目社区服务与支撑情况对比图

从局部来看，OSS Compass 也常用来实现对社区贡献者的深入洞察，分析社区贡献者的组成成分。以 Rust 编程语言为例[①]，在 2024 年 1—6 月期间，国内外组织和开发者对 Rust 编程语言项目贡献超过 9 万次，其中，个人贡献者占比达到 52.78%（见图 4-10），前三位组织贡献者 Rustbot、Icnr GmbH、AWS 贡献占比高达 65.63%（见图 4-11）。

---

① OSS Compass 官网。

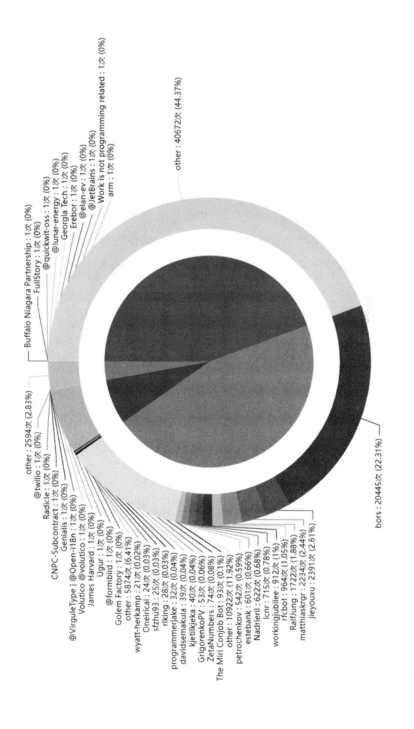

图 4-10　2024 年 1—6 月 Rust 编程语言项目全局贡献分布情况

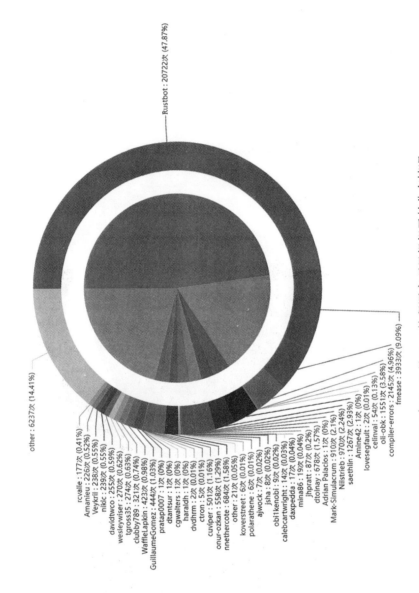

图 4-11　2024 年 1—6 月 Rust 编程语言项目组织贡献分布情况

开源许可证与知识产权保护

一、开源许可证

开源许可证（Open Source License），也称"开源协议"。目前，世界上有数千种开源许可证，常见的包括 GPL、BSD、MIT、Mozilla、Apache License、LGPL，以及由我国主导的木兰许可协议系列等。其中，木兰许可协议系列已研制发布了木兰宽松许可证（MulanPSL V1.0、MulanPSL V2.0）、木兰公共许可证（MulanPubL V1.0、MulanPubL V2.0）、木兰开放作品许可证和木兰-白玉兰开放数据许可证（MBODL V1.0）（见图 4-12），分别面向开源软件宽松型、强著佐权型、开放数据集使用及开放作品等不同的开源应用需求[①]。

在开源许可证中，开源软件的版权持有人授予用户学习、修改开源软件，并向任何人或为任何目的分发开源软件的权利。开源许可证从宽松到严格大致可以分为宽松型开源许可证（如 MIT、BSD）、弱著佐权型开源许可证（如 LGPL 2.1）、著佐权型开源许可证（如 GPL 2.0）、强著佐权型开源许可证（如 AGPL 3.0）（见表 4-1）。

---

① 一文深入浅出理解国产开源木兰许可系列协议。

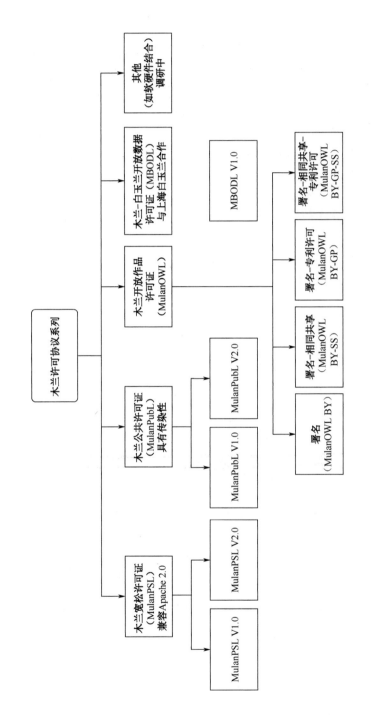

图 4-12 木兰系列许可协议示意图

表 4-1 典型开源许可证特点对比

开源许可证	商业使用	分发代码	专利授权	合并代码	修改代码	使用库	不允许修改许可协议	许可证分类
MIT License	√	√						宽松型开源许可证
BSD 2-Clause	√	√						
BSD 3-Clause	√	√						
Apache 2.0	√	√	√					
MPL 2.0	√	√	√	√	√		需分析使用场景	弱著佐权型开源许可证
LGPL 2.1	√	√		√	√		需分析使用场景	
LGPL 3.0	√	√		√	√		需分析使用场景	
GPL 2.0	√	√		√	√	√	√	著佐权型开源许可证
GPL 3.0	√	√		√	√	√	√	
AGPL 3.0	√	√	√		√	√	√	强著佐权型开源许可证

1. 宽松型开源许可证

BSD（Berkeley Software Distribution）是一个给予使用者很大自由的协议。BSD 协议规定使用者可以自由地使用、修改源代码，也可以将修改后的代码作为开源或专有软件再发布。当发布使用了 BSD 协议的代码，或者以 BSD 协议代码为基础二次开发自己的产品时，需要满足以下 3 个条件：

（1）如果发布的产品中包含源代码，则必须在源代码中带有原来代码中的 BSD 协议。

（2）如果再发布的只是二进制类库/软件，则需要在类库/软件的文档和版权声明中包含原来代码中的 BSD 协议。

（3）不可以用开源代码的作者/机构名称和原来产品的名称做市场推广。

BSD 协议鼓励代码共享，但需要尊重代码作者的著作权。BSD 协议允许使用者修改和重新发布代码，也允许使用或在 BSD 协议上开发商业软件并进行发布和销售，因此 BSD 协议是对商业集成很友好的协议。而许多企业在选用开源产品时都首选 BSD 协议，因为可以完全控制这些第三方代码，并在必要时进行修改或二次开发。

MIT 是一种像 BSD 一样宽松的许可协议，源自美国麻省理工学院，又称 X11 协议，其作者只想保留版权，而无任何其他限制。MIT 协议与 BSD

协议类似，但是它比 BSD 协议更加宽松，是目前限制最少的协议。MIT 协议唯一的条件就是在修改后的代码或者发行包中包含原作者的许可信息，适用于商业软件。目前，使用 MIT 协议的软件项目有 jquery、Node.js 等。

Apache License（Apache 许可证）是 Apache 软件基金会发布的自由软件许可证。该协议与 BSD 协议类似，同样鼓励代码共享并保护原作者的著作权，同样允许源代码修改和再发布，但是，也需要遵循以下条件：

（1）需要给代码的用户一份 Apache License。

（2）如果修改了代码，需要在被修改的文件中进行说明。

（3）衍生的代码（修改或由源代码衍生的代码）中需要带有原来代码中的协议、商标、专利声明和其他原作者规定的说明。

（4）如果发布的产品中包含一个 Notice 文件，则在 Notice 文件中需要带有 Apache License。使用者可以在 Notice 文件中增加自己的许可信息，但是不可以修改 Apache License 的原有内容。

Apache License 对商业应用非常友好，使用者可以根据需要修改代码，并作为开源或商业产品进行发布和销售。

木兰宽松许可证第二版于 2020 年通过 OSI 认证，是全球首个由我国主导的国际通用许可证，它与 Apache 2.0 许可证有良好的兼容性，并最大限度地鼓励专利和版权开放。第二版在第一版的基础上进行改进，具有以下特点[①]：

（1）许可证内容以中英文双语表述，中英文版本具有同等法律效力。如果中英文版本表述不一致，则以中文版本为准。

（2）许可证明确授予用户永久性、全球性、免费的、非独占的、不可撤销的版权和专利许可。针对目前专利联盟存在的互诉漏洞问题，规定禁止"贡献者"或"关联实体"直接或间接地（通过代理、专利被许可人或受让人）进行专利诉讼或其他维权行动，否则终止专利授权。

（3）许可证明确不提供对"贡献者"的商品名称、商标、服务标志等的商标许可，以保护"贡献者"的切身利益。

---

① 木兰宽松许可证（MulanPSL V2.0）解析。

2. 弱著佐权型开源许可证

LGPL（GNU Lesser General Public License）是一种主要用于类库的开源许可协议。LGPL 允许商业软件通过类库引用方式使用 LGPL 类库，而不需要开源商业软件的代码。这使得采用 LGPL 协议的开源代码可以被商业软件作为类库引用，并发布和销售。

但是如果对 LGPL 协议的代码进行修改或衍生，则所有修改的代码、涉及修改部分的额外代码和衍生代码都必须采用 LGPL 协议。因此，LGPL 协议的开源代码很适合作为第三方类库被商业软件引用，但不适合那些希望以 LGPL 协议代码为基础，通过修改和衍生的方式做二次开发的商业软件采用。

3. 著佐权型开源许可证

1988 年，理查德·斯托曼编写了通用公共许可证（GPL），旨在赋予创作者始终保持对其软件开源的权利。GPL 的出发点是代码的开源/免费使用，以及引用、修改、衍生代码的开源/免费使用，但不允许修改后和衍生的代码作为闭源的商业软件发布和销售。

GPL 协议的主要内容是，只要在一个软件中使用（"使用"指类库引用、修改代码或衍生代码）GPL 协议的产品，则该软件产品也必须作为 GPL 协议产品的衍生作品采用 GPL 协议，即必须也是开源和免费的。这就是所谓的"互惠性"。GPL 协议的产品作为一个单独的产品使用没有任何问题，还可以享受免费的优势。

由于 GPL 严格要求使用了 GPL 类库的软件产品必须使用 GPL 协议，对于使用 GPL 协议的开源代码，商业软件或对代码有保密要求的部门就不适合集成/采用作为类库和二次开发的基础。

4. 强著佐权型开源许可证

AGPL（Affero 通用公共许可证）是 GPL 的补充，它在 GPL 的基础上加了一些特定限制。GPL 约束生效的前提是该软件的"发布"行为，有的公司使用 GPL 组件编写 Web 系统，但是不发布系统，而是使用这个系统在线提供服务，这样就避免了开源系统代码。而 AGPL 要求，如果云服务（SaaS）用到的代码是该许可证，那云服务的代码也必须开源。

相比之下，GPL 3.0 协议意味着修改和使用其代码都需要开源，但这是建立在软件分发的基础上，如果使用代码作为服务提供，而不分发软件，则不需要开源，这实际上是 GPL 协议在某些情境下的局限性。而 AGPL 3.0 协议规定，除非获得商业授权，否则无论以何种方式修改或使用代码，都需要开源。

从开源许可证的使用来看，宽松型开源协议仍是主流趋势①。Apache 2.0 协议和 MIT 协议比 GPL 系列更受欢迎，两者共占目前使用的开源协议的 50%以上。Apache 2.0 协议和 MIT 协议对其他人如何使用开源组件设置了最小限制，允许不同程度地自由使用、修改和重新发布开源代码，并允许在专有衍生作品中使用被许可的开源组件，并且几乎不求任何回报。2022 年，78% 的开源组件拥有宽松型开源协议，比 2021 年增长了 2 个百分点，而严格型开源协议的占比则下降至 22%。

Apache 2.0 协议占据主导地位。2017 年，Apache 2.0 协议将 GPL 3.0 从第二位挤到第三位之后，2022 年 Apache 2.0 的发展势头依然强劲，以 30% 的比例位居第一，超过了 MIT 协议的 26%。Apache 2.0 协议的主要条件和声明许可提供了专利权的明确授权，允许许可的作品可以在不同的条款和没有源代码的情况下作出修改和发布。其中，版权的明确授权可能是用户选择 Apache 2.0 协议的最直接原因，因为它包含了专利权的角度，而不像 MIT 协议那样只有一段简短的许可声明。

GNU GPL 系列协议占比持续下降。2021 年，GPL 3.0 协议使用占比从 2020 年的 10%下降到 9%，位居第三；GPL 2.0 在第四名的位置，占比下降了 1%。2022 年，GPL 3.0、GPL 2.0 和 LGPV 2.1 都进入了前十名，但总计使用占比为 21%，标志着 GNU GPL 系列协议的受欢迎程度已经呈现出下降趋势。GPL 是开源革命最初的开拓者，同时也是版权的代名词。当用户合并一个根据 GPL 许可协议授权的组件时，他们必须发布其源代码，以及修改和分发这个代码的权利。此外，他们也被要求在相同的 GPL 许可下发布源代码。GPL 是 Linux 内核的许可证，永远都会有协议用户，但从商业角度来看，用户明显会优先选择限制较少的开源协议。

---

① 2022 年开源许可协议的趋势与预测。

国内的木兰公共许可证在宽松版基础上增加了"互惠性"条款，对开源软件的分发增加了限制性要求。木兰公共许可证与 GPL 类似，具有"互惠性"，要求接受者必须开放源代码。而在木兰宽松许可证的"分发限制"中仅要求保留代码中的许可证声明，并未要求再次分发时进行许可证设置，因此不具有"互惠性"特质。

木兰宽松许可证与木兰公共许可证的共同特点是均采用中英文表述，且具有同等法律效力；明确授予版权和专利权，但不授予商标权。其区别在于前者能与现有的其他许可证友好兼容，后者对开源软件的分发条件有限制性要求，对云计算和 SaaS 等新兴技术的分发也有条件限制。

二、开源许可证与软件专有权的关系[①]

对于开源许可证相关问题的界定和规制，我国现有法律框架主要由《中华人民共和国民法典》《中华人民共和国著作权法》《中华人民共和国专利法》《计算机软件保护条例》构成。近年来，随着开源知识产权案件的不断增多，国内外法院开始认可开源许可证的法律效力。例如，在（2019）粤 03 民初 3928 号、（2021）最高法知民终 51 号等案件中，法院明确认可了开源许可的效力，合理平衡了保护软件开源社区建设和保护开发者权益的关系。从产业发展角度来看，开源许可和软件知识产权保护在推动产业创新方面均发挥着不可替代的作用。

1. 开源许可证：鼓励二次创新

"自由软件"和"开源软件"的概念最初均源于美国，分别由自由软件基金会（FSF）和开放源代码促进会（OSI）在不同历史时期提出。获得 FSF 和 OSI 认可的各类开源软件许可证，其条款确定的权利义务内容不尽相同，但毫无疑问都必然符合 FSF 和 OSI 提出的开源理念。FSF 和 OSI 各依其标准建立了许可证认可体系，通过判断软件许可证内容是否符合"free/open"各要件的要求，判定某个软件是否属于自由/开源软件。FSF 采用四要件定义自

---

① 最高人民法院知识产权法庭，开源协议适用范围及其对软件著作权侵权判定的影响。

由软件，OSI 采用十要件定义开源软件。

尽管 FSF 定义的自由软件和 OSI 定义的开源存在细微差异，但二者所提倡的理念殊途同归。OSI 认同 FSF 的关于保护软件自由的意识形态观点，同时 OSI 更多关注通过开源实际实现软件自由开发，而不仅停留在观念层面。此外，由于开源软件不一定是免费软件，因此采用"开源"一词可以避免英文单词"free"（既可以指自由，也可以指免费）带来的误解。总体而言，两个概念尽管表述不同，但在实践中指向相同的结果：保护软件使用者对软件的自由使用、复制、修改、分发等权利。为了避免过分纠结于两个殊途同归的概念，后来有人将两种表达合二为一，提出"自由和开源软件"（Free and Open Source Software，FOSS；Free, Libre and Open Source Software，FLOSS）等表述。

2. 软件著作权和软件专利权：保护原始创新

计算机软件在大多数国家受到软件著作权和专利权的双重保护。《与贸易有关的知识产权协议》（Agreement on Trade-Related Aspects of Intellectual Property Rights，TRIPS 协议）将计算机软件列为著作权保护的对象。TRIPS 协议的第十条第 1 款规定，根据伯尔尼公约，以源程序或目标程序所表达的计算机程序均被视为文字作品予以保护。为符合计算机软件知识产权保护的国际标准，大多数国家版权法将计算机软件单独列为一类作品进行保护。软件中由开发者采用特定格式撰写的文字资料和图表等文档材料，以及通过目标代码或源代码等形式对程序的表达，均属于著作权保护的对象。我国《计算机软件保护条例》第八条规定，软件著作权人可以许可他人行使其软件著作权，并有权获得报酬；第十八条规定，许可他人行使软件著作权的，应当订立许可使用合同。

计算机程序不仅是技术人员撰写代码序列的文本表达，也可以实现特定的功能效果，因此构成技术方案的计算机程序，在满足新颖性、创造性和实用性标准的前提下，同时也属于专利权保护的对象。实践中，申请软件专利需要一定的手续和费用，而作品完成即自动享有著作权，因此大多数软件以著作权方式受到保护。软件著作权和专利权均赋予了软件作者合法垄断权，软件著作权禁止任何主体未经权利人同意擅自复制、修改、发行软件等行为，软件专利权禁止他人以生产经营为目的运行计算机程序,或使用、许诺销售、销售、进口及通过计算机程序直接获得产品。

　　综合来看,大多国家的版权和专利法律制度规定软件开发者对其智力成果享有排他性权利,而在开源社区实践中,许可证往往允许用户对软件进行自由使用、复制、修改和分发,软件专有权与开源似乎存在冲突。实际上,开源理念并非不承认计算机软件著作权,而是在尊重软件著作权基础上鼓励二次开发的协作式创新模式。开源许可证是软件开发者与社区用户基于自由意志达成的合同:一方面,在国家知识产权法律制度保障下,计算机软件著作权权利人可以以其自由意志选择是否开源、以何种开源许可证开源;另一方面,在开源许可证对软件源代码使用、修改,软件分发等问题的规定下,软件开发者将修改权、复制权、发行权等著作权权能授予开源软件用户,用户既享受许可证赋予的权利,也要承担一定的义务。

第五讲

开源的"生态循环"
——开源商业化
产业化

故事引入：红帽公司的"商业化之路"

红帽（Red Hat）公司被认为是开辟商业化道路的传奇企业，其发展历程使得人们对开源有了更深入的认识，是开源作为一种全新商业模式的典型代表。

开源发展早期，Linux 在技术极客圈声名鹊起，但企业市场仍然由微软的 Windows 占据绝对主导，开源被视为技术业余爱好者的兴趣。1993 年，开源爱好者 Marc Ewing 和 Bob Young 计划合作成立红帽公司，旨在推动开源操作系统 Linux 进军商业界。红帽公司的诞生是开源从兴趣导向走向商业化、产业化的重要标准，为开源的蓬勃发展提供了重要推动力。起初，红帽公司主要通过销售包含 Linux 内核和各种开源软件的 CD-ROM 套装来盈利，由此获得一定发展。创业者对开源商业模式的深刻理解和创新让红帽公司脱颖而出，其创始人意识到，仅仅销售软件是不够的，软件真正的价值在于服务，即为企业用户提供专业的技术支持、定制化解决方案和持续更新维护。这种"订阅模式"革命性地改变了软件行业的游戏规则，证明了即便在开源环境下，也能构建可持续的盈利体系。据此，红帽公司推出 Red Hat Enterprise Linux（RHEL），借此正式踏入企业级市场，凭借其稳定性、安全性及全面的生态系统支持，迅速赢得了银行、电信、政府等众多关键行业用户的信赖。红帽公司不仅销售操作系统，更打造了一个围绕 Linux 的完整生态系统，包括中间件、云平台、容器技术等,为用户提供端到端的开源解决方案。随着云计算时代的到来,红帽公司再次展现出前瞻性的视野,其产品和服务与云原生技术紧密融合,特别是收购了 Docker 容器编排工具 Kubernetes 的领先企业 CoreOS,以及开发了 OpenShift 容器平台,进一步巩固了其在云计算领域的领先地位。

2019 年,IBM 宣布以 340 亿美元收购红帽公司(见图 5-1),这一科技史上最大的软件并购案,不仅是对红帽公司商业成功的巨大认可,也是开源技术影响力上升的里程碑。IBM 的收购,意在借助红帽公司的力量,加速自身向云计算和混合云战略转型,也鼓舞了更多企业积极拥抱开源,挖掘出开源软件更大的商业价值。

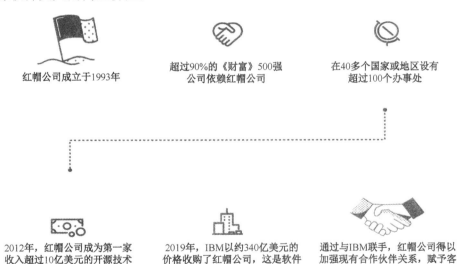

图 5-1 红帽公司发展概述

来源:红帽公司官网。

开源商业化是指在一定的商业策略下,利用开源项目打造商业化产品或者服务、形成商业闭环的过程。开源在广泛资源共享、高效创新协同、突破边界限制等方面优势明显,能够快速实现技术的迭代,构建产业生态。但是,开源并非单纯以免费为目的,而是以充分挖掘开源项目经济潜能,实现可持续发展为最终目的。宏观层面,开源商业化需要通过将"开源"融入企业发展战略之中，充分利用开源在技术创新、资源汇集和生态构建方面的固有优势，提高企业市场竞争力。微观层面，开源项目商业化既涉及开源商业模式的构建和选择，也涉及开源或闭源路线的选择和切换，利用开源降本增效，获得商业收益。

开源商业化背后的经济学原理

开源与经济学中的市场结构与创新激励、网络外部性、边际成本与边际收益、公共产品理论等密切相关。这些理论是深刻理解开源创新特点及开源商业化路径的基础。

1. 市场结构与创新激励

经济学中的市场结构和竞争策略理论是理解市场运作、企业行为及政府政策制定的重要基础。根据竞争程度的不同，市场结构通常被划分为完全竞争市场、垄断市场、垄断竞争市场和寡头垄断市场4种类型。完全竞争市场资源配置相对有效，但产品同质化严重；垄断市场是一家厂商提供所有供给，资源配置效率不高。竞争策略则是企业在市场竞争中为了获得竞争优势而采取的一系列行动和决策。开源有利于帮助企业突破垄断，通过增加市场透明度和资源共享降低进入壁垒，激励企业基于新的商业模式打造差异化产品和服务，促进市场竞争，对提高市场资源配置效率、激励市场主体积极创新、推动构建繁荣的竞争生态具有重要作用。

2. 网络外部性

在经济学中，网络外部性（Network Externality）又称网络效应，是指连接到一个网络的价值取决于已经连接到该网络的其他人的数量。1985年，经济学家 Katz 和 Shapiro 在《网络外部性、竞争与兼容性》中提出，网络外部性是指随着使用同一产品或服务的用户数量的变化，每个用户从消费此产品或服务中所获得的效用也会发生变化。此后，以色列经济学家奥兹·夏伊在《网络产业经济学》（*The Economics of Network Industries*）中提出，产品价值随着采用相同产品或可兼容产品用户的增加而增大。可见，具有网络外部性的产品或服务，其用户从使用某产品中得到的效用与用户的总数量成正比，用户人数越多，每个用户得到的效用就越高。例如，脸书、微信等社交媒体平台的用户数量越多，平台的价值就越高。

开源项目和社区具有明显的网络外部性：参与开源项目和社区的用户数量直接关系到开源项目和社区资源的丰富性和生态的活跃度，用户规模越大的开源项目和社区价值越大。一方面，大规模开发者能为开源项目贡献更多代码和开发工具，吸引更多用户和开发者加入，形成正向循环，加快技术迭代，推动项目完善；另一方面，大规模使用者能使开源项目和社区关注实际应用需求，这种动态反馈促进了技术的快速扩散和市场接受度的提高，最终转化为经济价值。

3. 边际成本与边际收益

在经济学中，边际成本（Marginal Cost，MC）递减是指在一定产量范围内，随着产量的增加，每增加一单位产量所引起的总成本的增加量（边际成本）逐渐减少的现象，原因是规模经济等导致的成本分摊效应。边际收益（Marginal Revenue，MR）递减是指在一定产量范围内，每增加一单位产量所带来的总收益的增量（边际收益）逐渐减少的现象[1]。在传统产品和服务中，边际成本递减是非常常见的现象，如在制造业中，大规模生产下的批量采购可以降低单位成本；当某一市场趋于饱和时，消费者对产品需求逐渐降低，厂商推出的产品很难再获得巨大的市场增长。然而，在数字经济领域可能会出现边际成本为零和边际收益递增的现象。例如，在线网络服务主要成本在于平台开发和维护，用户增加导致边际成本接近于零；随着用户规模的扩大，新增用户可能会提高网络活跃度、加快信息流动，反而使整个网络的价值因此而增加。

开源项目和服务常常具有边际成本为零和边际效益递增的特性：开源软

---

① N. 格里高利·曼昆（N. Gregory Mankiw），《经济学原理》。

件的复制成本接近于零，这意味着对生产者而言，每增加一个用户几乎不增加成本，但可以带来代码改进、漏洞修复和市场推广等额外贡献，从而为项目带来正的边际收益。因此，开源模式能够有效降低创新和市场进入的门槛，促进快速迭代和发展。

4. 公共产品理论

经济学上的公共产品是指那些既没有排他性又没有竞争性的产品和服务。1954 年，经济学家保罗·萨缪尔森（Paul Samuelson）在《公共支出纯理论》中首次提出"公共产品"这一概念，并指出其特性。非排他性意味着某人对公共产品的使用无法排除他人同时使用该物品或从中获益，如公共基础设施、公共安全保障等典型的公共服务均面向所有社会公众提供，任何人都不能阻止他人同时获取此类产品和服务。非竞争性意味着在生产水平既定的情况下，某个消费者的消费不会减少其他消费者的消费数量，即公共产品可供多人同时消费且互不影响，如公共路灯可以同时为多个市民提供服务，不因市民人数增多而减少照明效果，这与私人物品存在明显区别。开源作为数字时代的新型生产方式，它产生的产品和服务与公共产品的特征高度契合。开源项目允许任何人自由使用、修改和分发，各开发者可以平等地获取开源项目资源，互相不存在竞争关系。

然而，开源项目作为一种新型公共产品既具有其独特优势，也面临可持续发展的挑战。一方面，开源能通过鼓励资源共享和协同式创新，以群力群智推动技术发展和社会进步，较好地实现公共产品的有效供给；另一方面，公共产品的非排他性和非竞争性导致其很难通过市场机制直接获益。1965 年，经济学家曼瑟·奥尔森（Mancur Olson）在其著作《集体行动的逻辑》（*The Logic of Collective Action*）中指出，公共产品面临"自由骑士问题"（Free Rider Problem），也称"搭便车问题"，提出公共产品往往存在个体倾向于不贡献而享受他人成果的问题。因此，为开源项目创建和维护付出人力、财力等成本支持的主体如何获益，成为开源可持续发展需要探索的关键问题之一。

开源商业化的实践探索

开源商业化为开源创新提供不竭动力，对于促进开源产业繁荣发展至关重要。从开源生态整体来看，商业化是保证开源可持续发展的基础。尽管开源软件大多允许用户免费使用，但开源软件的创建、维护和发展都需要资金支持，因此开源项目及围绕开源项目建立的公司获得蓬勃发展需要稳定的资金渠道。从商业主体来看，开源商业化是企业持续参与开源的基础，而开源商业模式则是企业参与开源的底层逻辑。开源在帮助企业降本增效、打造标杆产品、构建竞争壁垒、建立商业生态等方面具有显著优势，因此对于企业自身发展而言，尽管开源对企业短期利润贡献不大，但关系其长期发展。因此，企业既需要建立开源战略，明确开源在企业整体业务布局中的定位与作用，也需要选择合适的商业模式以保证开源项目实现商业闭环。

一、企业的开源战略

企业的开源战略决定开源在企业发展中的定位和发挥的作用。企业开源战略大多需要结合企业实际发展情况和开源的优势进行具体判断，目前实践中企业开源策略大致包括三类。

（1）借助开源主导产业生态，打造事实标准，代表性企业包括谷歌、IBM等。谷歌主要通过贡献开源项目打造影响力，巩固龙头地位。谷歌推出开源浏览器 Chrome、操作系统安卓、人工智能框架 TensorFlow 等开源相关项目，在各国开发者参与贡献下，多年来发展成为具有全球影响力的开源项目，吸引大规模用户使用，成为该技术领域的事实标准。例如，在深度学习领域，TensorFlow 提供了优质的工具和库资源，帮助开发者构建、训练复杂的深度学习模型，据统计，截至 2023 年 8 月，TensorFlow 已成为 GitHub 上各项指标排名第一的 AI 框架，占据 63.2%的全球市场份额。IBM 主要通过与开源社区合作来推动和构建通用的技术标准，并为这些标准推出实施方案，以此构筑自己的生态地位。1998 年 9 月，IBM 启动 Linux 计划，针对 Linux 和开源技术制定市场策略，参与推动 Linux 基金会的创立；1999 年，IBM 创建 Linux 技术中心（Linux Technology Center，LTC），并于 2000 年正式宣布将 Linux 纳入公司发展策略核心。一方面，IBM 是 Linux 重要的代码贡献来源，IBM 的很多大型主机用户也运行着 Linux 系统；另一方面，2015 年，IBM 基于 Linux 用户生态推出王牌产品 LinuxONE 服务器，同时该服务器具备其 Z 系列主机的品质和 Linux 的开放性，能力远超其他 Linux 服务器。

（2）依托开源壮大自身实力，提高竞争优势，代表性企业包括国外的红帽和我国的华为。红帽是最早进行开源商业化的企业之一，其最初的商业策略是整合网上的 Linux 版本，并在其中增添自行开发的安装程序包，推出 Red Hat Linux 发行版进行零售，通过提高用户安装、使用 Linux 系统的便捷度进行盈利。红帽依托开源迅速成长为开源领域具有代表性的企业。2019 年，红帽被 IBM 以 340 亿美元收购，成为开源历史上最大规模的收购案例。此外，在国外，IBM 也部分采取该策略，将高质量的开源代码应用到 IBM 的产品中，从而增加产品的附加性能、提高市场竞争优势、降低开发成本。在国内，华为针对开源的发展策略大致经历了三个阶段[①]：第一阶段，华为成立开源中心，将开源视为一类外部构件使用，在这个阶段首先解决的是开源软件使用的安全问题；第二阶段，华为将开源作为外部协作的一种方式，研究如何与社区的技术人员、社区本身及其他公司协作；第三阶段，华为将开源提升到战略高度来看待和管理，开源软件成为研发的重要来源。此外，华为通过开源促进"软硬件结合"，构建商业生态，通过对 Linux Kernel 等开源软件的支持，促进其电信基础设施设备的销售。

---

① 企业视角看到的开源——华为开源 5 年实践经验。

（3）通过开源闭源切换的方式，实现商业目的，代表性企业包括微软、甲骨文等。微软先后经历了从反对开源到审慎对待开源，再到积极拥抱开源的过程。2001 年，时任微软 CEO 的史蒂夫·鲍尔默（Steve Ballmer）明确提出反对开源，并指责"从知识产权保护的角度来看，Linux 就是无可救药的毒瘤"。在此之前，比尔·盖茨在采访中也认为开源范式阻碍了创新软件的开发。然而，2007 年微软对开源的态度开始发生转变，聘请 Linux 基金会前工程总监汤姆·汉拉汉（Tom Hanrahan）担任 Linux 互操作性总监，此后微软开始为 Linux 内核作出贡献；2014 年新 CEO 上任后，微软对开源的立场正式改变，并发布重要项目 NET 框架的源代码，旗下产品全面支持 Linux 跨平台运行，同时为各全球开源活动提供赞助；2016 年，微软成为全球范围内为开源社区贡献代码最多的公司；2018 年，微软以 75 亿美元收购了互联网上最大的开源代码共享和协作平台 GitHub，进一步巩固了其在开源领域的主导地位。如今，微软既拥有闭源的 Windows 操作系统作为其王牌产品，也通过积极参与开源，广泛吸纳全球创新资源为其所用。

二、开源的商业模式

商业模式是保证开源项目实现商业闭环的基础。目前，全球主流的开源商业模式包括六类。

（1）开放核心模式。即软件的核心版本基于开源许可证免费发布，此版本被称为社区版（或开源版），供广大开发者修改迭代，构建活跃的社区生态；具有更多额外功能和服务的版本基于私有许可证闭源收费，此版本被称为企业版（或专业版），开源企业通过闭源收费版本实现商业利益。开放核心模式下社区版和企业版的核心部分为同一套代码，主要差异体现在额外功能部分，主要包括三种：一是易用模式，如云端远程使用、便捷的交互协作、友好的用户界面；二是企业模式，包括可扩展性、安全性、管理与集成、备份与恢复等；三是定制模式，按用户特定需求开发的功能。

开放核心模式要实现促进开源社区发展和保护企业利益的双重目标，因此开放核心模式的难度在于开源部分的取舍。如果开源部分较少，社区感到核心产品重要功能有所保留，项目接受度会下降；如果开源尺度过大，将影响企业版的售卖。但对于大多数成功开放核心的企业而言，其商业用户仅占总体用户的一小部分，确保开源产品（社区版）的成功是商业产品（企业版）取得成功的关键。Confluent 公司对 Kafka 项目的商业化、Databricks 对 Apache Spark 项目的商业化等均采取这种模式。

（2）双授权模式。在双授权模式下，软件项目通常具有两套许可证，一套是传统的开源许可证（开源授权），另一套是商业许可证（商业授权），收入主要来自商业授权。其中，开源授权主要面向开发者群体，商业授权主要面向企业级用户。为实现双授权模式的效果，在法律规则设计方面，开源授权一般会选取非常严格的开源许可证协议，用户需要严格遵守许可证要求将其修改、衍生的代码开源贡献给开源社区；商业授权主要针对不愿把自己贡献的源代码连同产品一起贡献给上游的企业。

双许可模式既能充分发挥开源代码资源共享的优势，允许广大开发者免费获取、修改源代码，基于开源项目进行二次创新，又能满足具有付费意愿的企业用户获取专业产品和服务的需求，保证企业投入成本对开源项目修改、衍生的成果不被开源，防止企业丧失竞争优势。甲骨文的 MySQL 数据库、MongoDB 数据库等都是双授权模式的典型案例。用户可以基于开源许可证免费使用开源软件，将贡献的代码反馈至开源社区，也可以付费购买专业版，获取更专业、更全面的服务，无须将自己修改和衍生的代码贡献至上游社区。

（3）支持服务模式。通过为产品使用提供附加服务而获得收益，此类附加服务包括产品实现、定制、支持、维护、咨询、培训及本地化等。支持服务模式充分利用了软件的特性，软件购买并非一个一次性交易过程，用户体验更有赖于购买后长时间的质量维护、漏洞修复、版本更新，以保证软件的功能性、可靠性、易用性，而该类服务往往只能通过专业主体提供，用户自身大多不具备专业能力。

支持服务模式则利用了软件在后期维护过程中的专业性壁垒，通过为免费的开源项目提供技术支持和服务、知识培训等方面的收费服务实现盈利。采取此种商业模式的企业包括谷歌、红帽等。其中，谷歌基于 Linux 开发开源手机操作系统安卓，推出安卓开源计划（Android Open Source Project，AOSP），用户可以通过 AOSP 获取文档和源代码，同时将市场、数据和应用程序服务与之互补，打造闭源的谷歌移动服务（Google Mobile Services，GMS），为用户提供 App 和后台服务，从而实现盈利；红帽早期基于 Linux 内核增添自行开发的安装程序包，推出 Red Hat Linux 发行版进行零售，通过为用户提供收费的培训、支持和维护等服务，帮助提高安装、使用 Linux 系统的便捷度实现盈利；谷歌的人工智能框架 TensorFlow 允许应用程序开发者利用机器学习，以产生对云计算和数据中心供应品的需求，谷歌借此实现盈利。

（4）软件即服务（SaaS）模式。随着云服务的普及，SaaS 模式近年来获得迅速发展，成为开源领域的一种新型商业模式。开源软件提供商基于许可证免费提供软件，理论上用户可以自行运行该软件，但整个过程复杂且需要硬件支持，实践中用户通常需要专门的企业为其提供运行和托管软件的服务。因此，部分企业将开源项目统一部署在云端，帮助用户通过互联网即时访问软件，用户可以获取满足其需求的应用软件服务，企业则可以凭借云服务收取一定费用，实现商业变现。

SaaS 模式的本质是开源软件的服务化。一方面，SaaS 模式能大幅提高使用开源软件的用户体验，用户无须购买、安装和维护软件，可通过浏览器或移动设备访问和使用软件应用程序，软件的全流程管理和维护由云服务厂商提供，SaaS 可大大降低企业用户的基础设施建设和维护成本；另一方面，在开源模式下，云服务厂商能免费获取代码、获得社区支持和漏洞信息。开源软件与 SaaS 的结合能大幅降低云服务厂商的软件开发成本，帮助企业释放其硬件和数据资源价值。采取 SaaS 模式进行商业变现的开源项目主要包括 MongoDB、NextCloud 等。MongoDB 公司一方面利用开源吸引全球开发者和用户汇集，打造了生态活跃的 MongoDB 开源社区，根据社区用户反馈持续优化迭代自身产品；另一方面基于 MongoDB 开源数据提供付费的 SaaS，推出全托管数据库服务 MongoDB Atlas，帮助用户在云上部署、运行和扩展 MongoDB。此外，NextCloud 套件也允许企业通过托管开源软件的方式，并以 SaaS 方式将开源软件提供给用户，除少数供应商免费外，大多企业对其提供的托管和资源支持收取费用。

（5）软硬一体化模式。在该模式下，企业将开源软件与特定硬件设备相结合，通过整体销售或打包服务方式获利。厂商可能会将开源软件与其硬件设备进行适配，将开源软件预装在硬件设备里，以硬件设备为载体将软件捆绑销售，用户购买硬件设备的同时也可以使用相应的软件服务，无须再单独购买软件。此外，企业还可以通过提供技术支持、软件升级、定制化开发等额外的增值服务，进一步增加用户黏性，提高产业的商业价值。

软硬一体化模式主要有两大优势：一是企业可以打造高质量软硬件一体生态，提高产品的市场竞争力。开源软件的源代码开放共享，允许用户自由使用、修改和分发，因此相较于闭源软件，通过对开源软件进行二次开发，企业能够以低成本开发出与企业生产的硬件设备适配度更高的软件。二是提升用户体验，对于用户来说，购买捆绑产品能够以更优惠的价格享受更优质的产品，无须担心软件和硬件的兼容性问题。值得注意的是，为提高软硬件适配效果，硬件厂商大多通过积极参与开源社区共建，主导开源项目的技术路线，推动开源软件与自身硬件产品贴合度的提升。采用软硬一体化模式的代表性企业是 IBM。一方面，IBM 积极参与开源社区贡献，成为 Linux 开源项目发展的主导力量。2000 年，IBM 正式宣布将 Linux 纳入企业发展策略核心，多年来 IBM 一直是贡献代码最多的 Linux 支持者。另一方面，IBM 将 Linux 开源软件与其硬件设备深度结合，其大型主机用户中的相当一部分在使用 Linux 系统，在 2013 年的 Linux 大会上，IBM 宣布将在针对 Power Systems 服务器的 Linux 新技术和开源技术上投资 10 亿美元。

（6）交易市场模式。即通过搭建应用商店、应用市场、插件库、插入广告等开源软件交易市场带来收入。例如，企业将广告嵌入其开源项目，借助开源软件的大范围推广带动广告的传播，帮助广告厂商推介产品，企业通过收取广告费的方式获得经济效益。广告通常被作为软件的一部分显示出来，广告以某种形式呈现在安装过程、用户界面或用户手册中，企业通过向软件用户传播广告而获得资金。

开源软件的大规模用户群体是该模式得以成功的关键，因此软件企业往往需要持续完善软件产品以吸引更多用户群体，进一步扩大其服务的传播范围。采取交易市场模式的企业包括 Mozilla、Automattic、谷歌等。例如，Mozilla 曾在其开源浏览器 Firefox 早期版本中将特定搜索引擎提供商设置为浏览器的默认值，由此获得资金；谷歌的 AOSP 开源项目重要收入来源之一是其应用商店 Google Play Store；Automattic 通过封装和定制 WordPress 开源软件，为用户提供了一个简单、易用的网站创建和管理平台，通过向高级账号投放广告、利用虚拟主机推荐等途径获得收益。

三、释放开源的产业经济潜能

开源倡导软件源代码开放和创新资源普惠共享，能够突破单一主体、地域的资源桎梏，在开放体系中吸引和配置全球创新要素，指数级提升软件迭代创新效率，快速形成规模化发展。全球软件产业竞争由单一产品竞争转向生态系统竞争，开源逐步成为推动全球信息技术突破和产业创新发展不可或缺的力量，与闭源相结合，共同构建强大的产业生态。从技术和产品创新周期来看，开源在前期技术探索和创新资源积累、商业生态构建和后期统一技术路线等方面具有优势，而闭源在关键技术研发、核心产品打造方面更具优势。

在基础软件领域，开源已成为抢占市场的有力抓手，越来越多的公司利用开源实现后发赶超，改变竞争格局。一方面，开源能汇聚创新合力，加快技术突破，帮助企业基于已有成果打造标杆产品，在相对较短的时间内抢占较大市场。例如，国外的谷歌通过开源打造出安卓操作系统这一"拳头"产品，安卓操作系统 2008 年诞生，2013 年市场占有率达 79.3%[①]仅用了 5 年时间，实现对塞班、苹果等闭源系统的后发赶超；国内的华为推出开源鸿蒙（OpenHarmony）操作系统，同时基于 OpenHarmony 社区打造 HarmonyOS 智能终端操作系统，以开源方式推动产品发展壮大。根据 Counterpoint Research 发布的最新数据，截至 2024 年 6 月，2024 年一季度华为 HarmonyOS 在中国市场的份额上升至 17%，首次超越苹果 iOS 的 16%，成为中国第二大操作系统。另一方面，开源推动构建软硬件一体生态，建立事实标准，帮助企业巩固、扩大商业生态圈，打造强大的市场竞争力。闭源的相对封闭性导致企业需要花费较高成本提高软硬件适配度，将产品优化方向与用户实际需求进行匹配。通过将重要技术开源，软件企业能吸引硬件制造厂商、开发者、行业用户等参与到技术优化迭代中，壮大合作伙伴生态圈，构筑绝对优势。例如，谷歌通过安卓操作系统实现了在移动操作系统领域的领先地位。早期谷歌与 84 家硬件制造商、软件开发商及电信运营商组建开放手机联盟，共同研发推出开源操作系统安卓。在开源模式下，硬件厂商能对安卓操作系统进行自由修改和优化，根据其市场定位和用户需求调整系统界面、功能设置等，

---

① IDC：第二季苹果 iOS 操作系统全球份额下滑，环球网。

打造适应其自身硬件设备和用户群体的定制化产品；开发者可以基于安卓操作系统开发各种应用程序，满足用户多样化的需求。因此，安卓操作系统通过开放生态赢得了广泛的设备支持，同时打造了丰富的应用生态，成为全球最受欢迎的移动操作系统之一，占据了大量市场份额。据 StatCounter 统计，2022 年 9 月至 2023 年 2 月，安卓操作系统始终占据全球移动操作系统 70% 以上的市场份额。此外，国内的华为也通过开源打造了强大的 OpenHarmony 软硬件生态，其操作系统被应用于手机、平板、电视、智能家居等多个领域。基于 OpenHarmony 项目，华为主导开发面向消费者市场的操作系统和应用，依托 HarmonyOS、硬件、芯片、云服务等软硬件开放能力，华为推出面向消费领域的智能硬件开放生态 HarmonyOS Connect（鸿蒙智联），与硬件设备厂商实现商业共赢。同时积极发挥 OpenHarmony 社区作用，建立与全球开发者的紧密联系，吸纳企业和个体开源贡献者推动技术的迭代和创新，开发出面向具体行业的操作系统。目前，OpenHarmony 定位为面向万物智联的开源操作系统，且已在多个行业实现商业化应用。截至 2023 年 11 月，OpenHarmony 社区已有超过 210 家伙伴，40 款行业发行版通过兼容性测评，落地软硬件产品超过 420 款，覆盖金融、交通、教育、政府、能源、制造、卫生、广电、电信、航天等领域。

在人工智能、云原生、区块链等新一代信息技术领域，开源能帮助企业广泛吸收全球创新资源，通过清晰的开源商业模式和战略路线，构筑生态壁垒，拉大与竞争对手的技术基础差距。一方面，合理的开闭源策略能帮助企业打破已有技术垄断，构建强大的商业生态。ChatGPT 就是以开源做强生态、以闭源抢占市场的典型案例。前期，OpenAI 实验室研发 ChatGPT 的部分初衷是避免谷歌在人工智能领域形成垄断，因此 OpenAI 实验室的 GPT 1、GPT 2 等均以开源方式问世。凭借开源，GPT 被学术界广泛采纳，汇聚了全球顶级开发者为其贡献智慧，积累了深厚的技术优势，同时得到了产业界的广泛支持，OpenAI 因此成功变身后起之秀。前期开源积累技术优势后，为获得持续性研发资金支持，2019 年，OpenAI 成立 OpenAI LP 子公司，转向以盈利和商业化为目标，核心技术 GPT 3 转为闭源，推动形成从基础研发到产业化的商业闭环。同时，在包括微软在内的开源生态伙伴大规模资金支持下，OpenAI 成果走向商业化，ChatGPT 现已被全球多家大型企业产品和业务采纳。另一方面，开源通过全方位资源共享降低创新门槛，充分激发产业创新潜能，通过降本增效实现经济价值。尤其在人工智能领域，AI 大模型训练需要大量的数据、算力支撑算法构建和训练，大模型开发成本往往很高，因此单纯软件层面的开源已无法满足产业发展需要，算法、算力、数据等人工智能产业资源全方位开源共享成为推动产业整体提质增效、高质量发展的有力支撑。例如，全球最大的人工智能开源社区 Hugging Face 就通过开源打造了具有竞争力的人工智能创新生态。在数据开源方面，Hugging Face 通过 Dataset 库为用户提供免费数据集，为开发者提供涵盖几百种语言的上千个数据集，涵盖自然语言处理、计算机视觉、语音、时间序列、生物学、强化学习等多个领域，促进了数据的流通和复用，为大模型开发、训练、部署提供了丰富的数据资源；在模型和算法开源方面，Hugging Face 以 Transformers 库为核心，提供了大量高质量的开源算法和模型，涵盖了自然语言处理、计算机视觉等多个领域，社区用户可通过 GitHub 等平台对算法进行改进和优化①。

此外，在工业软件、医疗软件等应用软件领域，由于行业场景众多，无法形成通用的技术路径，开源在这种情况下推动技术突破的作用有限，因此可以积极探索公共组件资源的开源共享。以工业软件为例，一方面通过核心工业技术闭源，对企业本身的技术、知识产权进行保护，有利于激发企业创造力、增强企业竞争力。例如，在工业实时数据库领域，排名靠前的 OSISoft PI、通用电气的 iHistorian、Honeywell 的 PHD 目前都采用闭源形式。另一方面，根据不同行业需求，通过开源模式聚力推动建立行业共用的组件库、模型库、零部件库等，打磨出更加创新包容、更具传播优势的工业软件。

---

① Hugging Face 官网。

第六讲

开源的"智慧源泉"
——开源人才

故事引入："开源大咖"的炼成之路

国际上，"开源"起于崇尚自由的"黑客精神"，兴于开源操作系统（以 Linux 系统为代表）的广泛应用，精于开源基金会叠加社会资本的高效运作，先后得到个人、龙头企业、社会资本的大力推动。开源人才是开源体系建设的基础和关键，是开源生态创新发展的原动力。在开源的世界里，开源开发者凭借对技术的热情和执着，秉持开放共享协作的理念，与其他开源爱好者一起，持续推动开源项目的进步和完善，为开源生态健康发展注入源源不断的活力。

在全球开源发展波澜壮阔的浪潮中，林纳斯·托瓦兹（见图 6-1）以其卓越的贡献和坚定的信念，成为开源界的巨星。作为 Linux 操作系统的创始人、开源运动的领导者，他的内核项目彻底重塑计算机世界的面貌，给无数开发者和用户带来巨大影响，其成就在整个计算机科学史上具有举足轻重的作用。

1. 兴趣与初心：Linux 的起点与开源精神

托瓦兹童年时期就对计算机表现出浓厚的兴趣，在那个计算机还属于奢侈品的年代，他的父母不惜重金给他买了一台 Commodore VIC-20 计算机，这台计算机成了他接触计算机编程的起点。在高中时期，托瓦兹开始接触 UNIX 操作系统，并决心通过自己的努力开发出一个拥有类似功能的操作系统。1991 年，Linux 操作系统诞生，由托瓦兹开发并发布了第一代版本。托瓦兹作为开源精神的倡导者，他始终坚信只有开源开放与合作，才能推动技术的进步，他将 Linux 的源代码公开，鼓励其他人对其进行修改和改进，这种开放的态度吸引了大量程序员加入 Linux 的开发中来。正是由于开源的特性，Linux 才得以快速发展并成为世界上的主要操作系统之一。

图 6-1 开源倡议者林纳斯·托瓦兹

2. 开放与协作：构建强大的开源社区

在开源模式下，Linux 操作系统从一个个人项目发展壮大，拥有庞大的开发者群体，并在全球范围获得广泛关注和应用，为技术的创新和发展提供了巨大的空间，这离不开开源社区的推动作用。Linux 社区通过开创集中式开发模式①，以频繁的更新、快速的响应和灵活的参与机制让开发者和用户能够积极参与并贡献力量，通过邮件列表、论坛和代码贡献等方式增加其贡献度。这种社区合作模式使得 Linux 得以快速发展并适应不同需求。此外，Linux 社区采用"独裁制模式"进行管理，该模式主张项目负责人对项目整个生命周期保持绝对控制，负责确定项目方向，当出现分歧时来作出最终决策。因此，Linux 社区项目负责人被称为"仁慈的独裁者"（BDFL），具有最终决策权，负责制定战略方针、引导项目发展。当社区作出质疑项目提交者

① 中国开源，向 Linux 学什么。

的决定时，项目负责人可以通过检查电子邮件存档来复审其决定，以支持或推翻原有决定。不同于"共同决策模式"和"公司主导模式"，"独裁制模式"可以通过单边决策来迅速解决冲突。

3. 创新与突破：持续引领开源潮流

托瓦兹凭借自己对技术的热情和追求，不断改进 Linux 的功能和性能，希望通过自己的努力将 Linux 打造成一个更加强大和稳定的操作系统。例如，2005 年，托瓦兹正在为 Linux 内核的开发寻找一种更好的版本控制系统，但他对现有的版本控制系统并不满意，于是创建了 Git（一种分布式版本控制系统）[1]。Git 的出现，实现了大型代码库和多个开发者之间的代码合并，再一次引领技术潮流并成为全球开发者最喜爱的版本控制系统之一。除了 Linux，托瓦兹还对其他技术领域有着浓厚的兴趣，他通过积极参与各种开源项目，为全球技术的进步作出了重要贡献。

---

① Linux 和 Linus 的前世今生？是什么造就了如今的 Git。

01

开源人才的基本概念

开源人才是提升软件技术供给能力、实现向创新链高端跃升的"关键密码"和"智力源泉",也是建设繁荣开源生态的源头活水,已成为世界各国开源领域竞赛的重要焦点。随着全球人工智能、云计算、大数据等新兴技术的快速发展,开放、协同、共享、共治的开源模式成为全球科技创新的重要手段,开源人才越发成为抢占科技发展制高点的关键要素。

一、开源人才的定义

开源人才是在开源领域具有专业技能、知识和经验的群体,负责开发、维护、推广开源项目,以及为开源贡献自身力量的专业人才。开源人才通常对开源社区和开源文化拥有深厚的理解,拥有和共享一种共同的价值观和目标,即通过开源模式来推动技术创新、合作和交流,致力于通过开源项目为社会作出贡献。

（1）开源人才是信息技术发展的智慧源泉。开源人才与开源技术产品共同构建了繁荣的开源生态。开源领域的一系列支柱性产品,如 Hadoop、OpenStack、TensorFlow 等,不仅推动了大数据、云计算、机器学习等技术的发展,也进一步丰富了开源生态,形成了良性的技术循环。开源人才通过参与开源项目,贡献代码和解决方案,推动了信息技术的持续进步和创新。

（2）开源人才是建设开源社区和开源生态的重要主体。开源社区作为开源生态的重要组成部分，为开发者提供了交流、协作和学习的平台。开发者可以站在开源生态的"巨人肩膀"上进行科学技术研发，并借助开源的公开知识提升个人技术水平。开源生态还聚集了大量高水平的人才，这些人才通过开源项目的合作和交流，共同推动了信息技术的快速发展。

（3）开源人才与信息技术产业发展相互促进。随着信息技术的不断发展，对开源人才的需求也在不断增加。这促使更多的教育机构和企业开始重视开源人才的培养，通过提供课程、实习和就业机会等方式，为开源生态输送了大量的人才。同时，开源人才的培养也进一步推动了信息技术的发展。这些具备开源思维和技能的人才，能够更好地适应和推动信息技术的创新和应用。开源的理念是开放、协作和创新，这些价值观与信息技术发展的方向高度契合。在开源文化的推动下，更多的企业和个人开始积极拥抱开源，共同推动信息技术的创新和发展。

二、开源人才的主要类型

在参与开源项目的过程中，根据参与身份的不同，开源人才分为个人开发者和企业开发者，这两类人才在行为上存在明显差异。个人开发者多数同时也是企业中的程序开发人员，他们在业余时间选择参与开源社区，以兴趣为导向贡献代码改进建议来丰富自身知识储备。企业开发者旨在实现商业收益，选取优秀开源代码，并根据自身的行业特性，二次开发产出定制化的行业发行版本。开源管理人才通常管理开源项目的各个方面，包括代码审查、版本控制、文档编写、社区互动等，以确保项目的顺利进行，激发社区成员的积极性和参与度。

按照岗位及工作职责划分，开源人才可以大致划分为以下几类。

（1）开源开发者。他们主要负责代码的编写、维护和贡献开源项目。例如，常见岗位人才包括开源技术研发人员和项目维护人员，他们通过深入参与开源项目的开发和运维，确保项目的稳定运行和可持续发展，重点解决技术问题，推动开源软件的进步。此类人才具备较强的协同研发、开源应用、安全漏洞处理、开源贡献以及维护和开源合规等专业能力。

（2）开源项目经理。他们主要通过协调和管理开源项目的各个阶段，承担统筹管理职责，将项目任务进行分配，包括但不限于对于项目进度的跟踪、把控，以及必要环节的沟通。例如，常见岗位人才包括开源项目战略顾问和开源技术总监，他们通过领导项目团队，为开源项目提供全面战略咨询指导与节点把控。此类人才具备广泛的核心能力，包括战略性技术规划、合规管理、社区建设、风险管理以及商业策略和创新推动等。

（3）开源社区运营者。他们主要在构建社区生态和推动商业化方面发挥关键作用。社区运营者组织开展开源社区交流活动，如技术峰会、赛事以及案例征集活动等，推动商业增长，确保开源项目成功推广，传播开源核心文化和价值，提升社区影响力。例如，常见岗位人才是开源商业战略经理，他们负责从市场分析、竞争策略、商业伙伴关系管理等方面，为社区提供长期发展方向；活动策划及营销推广专员负责后续落地执行，策划市场推广活动。这类人才具备成熟的运维推广能力和市场营销技巧，具备高效的推广策略、品牌推广、认知增加、社区管理、内容创作和市场营销等关键能力。

（4）开源文化传道者。他们主要对开源项目、开源知识、开源理念进行广泛传播，分享开源项目实施经验。例如，常见岗位人才是开源教育培训导师。这类人才主要集中在高校和科研院所，常活跃于第三方培训机构或开源社区中。此类人才除必须具备基本的教育培训能力外，还需要深入地理解和认同开源文化的历史、理念、价值观，能够清晰地解释开源文化的核心理念，如协作、共享、创新等，同时要求具备开源社区深度参与经验，熟悉开源社区的工作流程和规范，通过分享自己在开源社区中的经验和故事，激发学员对开源的兴趣和热情。

（5）开源合规人才。他们的主要职责是确保企业在使用、开发、分发开源软件过程中遵守相关法律法规、行业标准及企业政策。例如，常见的岗位人才有开源合规工程师和开源合规顾问，他们通过制定和执行开源合规策略、流程与工具，提供合规培训和指导等，促进企业开源使用的合法性和安全性，同时保障企业知识产权与业务利益。此类人才具备较强的专业技能，不仅精通开源许可证条款和合规要求，还具备深厚的法律与技术背景，能够识别并管理开源软件带来的合规风险。

（6）开源治理人才。他们的主要职责是管理企业使用开源软件、优化开源软件开发流程，鼓励企业参与并贡献到开源社区中，统筹协调企业内部与外部开源社区的关系。例如，常见的岗位人才有开源治理顾问，通过制定和执行开源治理策略，为开源项目提供治理建议及决策参考。此类人才具备扎实的理论研究基础和丰富的开源治理实践经验，熟悉开源许可证条款、合规要求，以及社区、行业的最佳实践。

三、开源人才的核心能力

开源项目和社区的运作是不断沟通迭代的过程，因此开源人才往往需要掌握技术、协作、沟通、运营、合规等在内的多元化能力，大致分为 4 个方面。

（1）在专业技术能力方面，开源开发者通常具备更高的编程语言与工具掌握程度及较强的协作创新能力。开源项目具有多样性，开源人才通常需要掌握多种编程语言与工具，更加追求技术的深度和广度，并具备快速学习和应用新工具的能力。与传统软件开发不同，开源软件人才往往需要同时掌握代码开发能力和代码管理能力。例如，在提高 Git 提交效率和维护稳定性的同时，还需要具备处理代码合并、项目集成和分支管理的能力，推动开源代码持续更新迭代。

（2）在协作沟通能力方面，得益于开源项目的全球性和协作开放的特性，开源开发者往往拥有更成熟完备的跨文化协作经验，更倾向于在解决问题时与其他开发者协作。在日常工作中，开源开发者群体更多地拥有与国际开发者合作的机会，跨文化合作交流经验丰富，沟通协调能力相对较高，需要熟练掌握在线协作工具和沟通技巧，如 GitHub 的 Pull Request、Issue 等。

（3）在运营管理能力方面，开源项目的快速迭代和更新都离不开开源社区作为载体，因此开源人才往往需要协助构建高效、开放、平等的社区环境，共同为开源项目的孵化和迭代升级营造良好基础。其中，开源社区博客、后台和用户中心的运营管理，旨在帮助全球开发者更快速地使用项目管理软件和协作工具，提高项目开发效率和质量水平。渠道运营管理大多存在于成熟阶段的项目社区，旨在通过自媒体平台运营管理社区技术文档和文章，提高社区关注度和影响力。

（4）在法律合规能力方面，开源软件不等同于免费软件，开源软件的著作权同样受法律条文的保护，不加限制和违规开发、使用、售卖开源软件将带来巨大的法律风险，可以说，合规管理贯穿了开源项目的整个生命周期。因此，开源人才往往需要掌握合法、合规使用开源协议的基本能力，并对开源相关国际国内司法条例有基本了解。与此同时，部分大型软件公司会设置开源合规管理专员或开源法务专岗，强化对开源开发和使用的合规管理。

全球开源人才发展格局

　　全球开源经过四十余年发展，逐渐从以个人兴趣驱动的自由与共享的软件开发模式，发展为汇聚全球优秀人才、技术迭代迅速、绑定市场应用、掌控产业生态的高效创新模式和新型生产方式。开源人才不仅是建设开源创新体系的基础性支撑，更是开源生态建设不可或缺的一部分。世界各国为把握开源发展主动权，纷纷将开源人才培养摆在突出位置，从政、产、学、研、用等方面发力，建立完善开源人才教育培养体系，释放开源人才创新活力，有力支撑本国开源生态体系的可持续发展。

一、国外开源人才发展基本情况

　　开源开发者是建设开源社区和开源生态的重要主体，也是开源人才队伍的主要组成部分。从全球来看，美国稳居第一梯队，通过开源"虹吸效应"收割全球智慧资源为其所用，是世界头号开源人才大国和人才强国；印度、欧洲、巴西等国家和地区凭借新兴市场驱动和工程师红利，开源开发者数量持续增长，整体实力紧随其后；俄罗斯、日本、东南亚等国家和地区日益重视开源，成为全球开源体系的新兴贡献者，开源开发者增长迅猛。

1. 美国开源人才队伍领先全球

　　美国作为全球开源文化发源地，凭借先发优势积累丰富的开源人才教育、选拔、激励等先进经验，开源人才储备规模、能力水平均领先全球，并持续通过"马太效应"吸引更多优质开源人才加入。美国拥有谷歌、微软、红帽等众多全球开源领军企业，以及全球知名的开源基金会、一流的代码托管平台等开源基础设施和资源平台，已成为全球开源智力资源汇聚的"中心节点"。全球最大的开源代码托管平台 GitHub 发布的 2023 年度报告显示，美国开源开发者达 2020 万人，较上一年增长 21%，规模数量保持全球第一。

近年来，以 ChatGPT 为代表的生成式人工智能技术正在全球范围内被相关开源项目和开发者大幅推进（见图 6-2）。数据统计，2023 年，全球生成式人工智能开源项目暴涨 200%，开源贡献者激增 148%[①]。美国在新一轮生成式人工智能技术浪潮中"独占鳌头"，拥有全球最大的生成式人工智能开发者社区，创造的生成式人工智能开源项目数量位居全球首位，是排名第二位的印度的两倍以上。

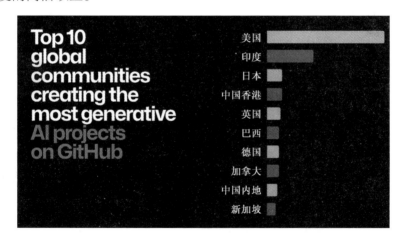

图 6-2　2023 年 GitHub 生成式人工智能项目的全球十大社区

2. 印度开源人才队伍规模与趋势

近年来，印度开源发展势头强劲，已成为全球开源发展版图中不可忽视的重要力量。2023 年，GitHub 平台上的印度开源贡献者数量已超过 1320 万人，同比增长 36%，开发者增长速度令人瞩目。预计到 2027 年，印度将超

① 《GitHub 年度报告：生成式 AI 项目暴涨 2 倍，个人贡献者激增 148%，从趋势看机遇何在》。

过美国，成为 GitHub 上开发者数量最多的国家①。

作为联合国支持的数字公共产品联盟的一部分，印度一直在用开放材料建设其数字公共基础设施，从软件代码到人工智能模型，以改善数字支付和电子商务系统。2023 年，GitHub 平台上由印度个人开发者或企业实体发起并主导的全球知名开源项目已经达到 50 个。值得一提的是，2023 年，印度已经成为生成式人工智能领域的领军力量，开发者社区建设处于领先地位，其开发者创建的生成式人工智能开源项目数量仅次于美国。

3. 其他国家（地区）开源人才队伍规模与趋势

欧洲历来将开源作为提升技术创新能力、保障数字主权和国际影响力的重要手段，以英国、德国、法国等为代表的老牌信息强国凭借较高的信息化水平和产业供给能力，在全球开源生态中占据一席之地。2023 年，整个欧洲的开发者数量继续增加，英国、德国、法国等国家开源贡献者数量分别达到 340 万人、290 万人和 230 万人，整体增速在 21%～25%之间，相较南美洲、非洲和亚太地区等新兴国家趋于平缓，体现了进入开源发展成熟期的特点。

东南亚成为全球开源开发者的新增长极，这得益于该地区庞大的人口基数、年轻的互联网用户群体、不断增长的经济活力及政府对数字经济和科技创新的大力支持。其中，新加坡成为 2023 年亚太地区开发者人口增长最快的国家，增速达到 39%，在亚太地区增速排名第一。新加坡的开发者数量达到 100 万人，占总人口比例最高。印度尼西亚、越南等国家开源开发者人数均达到百万量级，增长势头同样强劲。

巴西等南美洲国家依托国家信息化建设的起步腾飞，加快开源软件推广应用，通过立法要求政府部门信息系统优先采用开源软件，成为全球开源生态的新兴贡献者。2023 年，巴西在 GitHub 上的开发者人数达到 430 万人，跃居全球第四，并继续以两位数的速度增长，同比增长 30%。阿根廷、哥伦比亚等其他南美洲国家的开源开发者数量同样实现快速增长，增速达到 33%。

---

① 《GitHub 年度报告：生成式 AI 项目暴涨 2 倍，个人贡献者激增 148%，从趋势看机遇何在》。

二、国外开源人才培养的典型模式与经验

近年来，全球大国和头部软件企业对开源人才培养的重视程度不断提升。美欧等国家和地区持续加大对开源教育、开源培训的投入，通过政、产、学、研、用多方协同的方式，全方位完善开源人才教育和培养体系，在开发者教育、培训、活动、协作等方面积累丰富经验。

1. 深化产教融合，构建开源教育培训体系

美国开源开发者聚集与开源教育密切相关，美国高校鼓励学生参与开源项目，众多课程实践均在 GitHub 上完成，从而培养出大批高质量的开源贡献者。一是自由软件基金会、Linux 基金会等知名机构开放暑期实习，为学生提供开发开源软件、参与开源社区、推广开源等实践教育机会。二是托管平台与高校建立合作，推动大学生尽早了解并进入开源社区。GitHub 与哈佛大学、加利福尼亚大学伯克利分校等高校建立合作，推出教育板块，使用GitHub 工具开展相关课程。三是企业重视开源人才培育。谷歌主办"谷歌编程之夏"（GSoC）、X.Org 基金会发起的"无尽假期编程"（EVoC）等企业实践活动，为学生和开源企业、机构搭建交流桥梁。

2. 政企协同发力，厚植开源文化普及沃土

在基金会层面，Linux 基金会通过举办开源网络日、开源软件学院、核心开发者峰会、各国家（地区）开源峰会等一系列品牌活动，普及开源理念，凝聚开源创新共识。Apache 软件基金会将开源实践经验沉淀为"Apache 之道"，保证开源可持续发展。在政府层面，通过财政资助项目成果开源的开放。2016 年 11 月，美国推出 Code.gov 计划，推动美国航天局、消费者金融保护局、能源部、经济部等政府机构在 GitHub 上开源多个明星项目。欧盟声称将不断增强对开源软件社区的参与，构建欧盟所需的开源软件模块，并在开源软件的法规方面加强对欧盟人员的培训。欧盟科技框架计划（FP）大力支持开源，资助了 QualiPSo 项目，旨在对开源软件进行质量分析和度量。

3. 完善激励机制，激活人才协作创新动力

美欧等国家和地区的政府和私营部门提供了良好的创新创业环境，包括

孵化器、加速器，以及多种资金保障机制，通过创新人才评价认证合理反映开源开发者贡献，有效调动开源人才的积极性，为开源生态发展壮大提供不竭动力。在基金会层面，开源基金会通常是开源人才培养、开源文化传播的主要推进组织。Linux 基金会、OpenStack 基金会为推广开源社区和开源技术，建立开源技术能力培训认证的常态化机制。例如，Linux 基金会下设 LPI 国际认证协会（Linux Professional Institute），负责制定和推动 Linux 考试标准，开展相关培训认证。在企业层面，红帽公司建立 Linux 认证体系，旨在验证个人或组织在 Linux 操作系统和开源技术方面的专业知识和技能水平。该认证项目至今已持续了 20 年，成为全球最权威的 Linux 人才技能认证标准之一。高度发达的科技产业成为人才评估理论重要的应用领域。美国通过主导开源人才评估认证体系，不仅以评促优，为美国科技创新培养了大量具有开源素养的人才，还使得全球人才竞相参与美国主导的评价体系，为其汇聚全球智力资源提供了有力支撑，进一步巩固美国开源体系垄断地位。

4. 加强社区建设，营造共建共享共赢生态

开源社区是承载开源技术创新、产业协作、成果产出等全过程活动的新型载体，也是开源开发者的"精神家园"和"协作场"。美国开发者积极参与国际开源项目，贡献代码和解决方案，形成了丰富的开发者社区生态，营造有利于开源人才成长的优良环境。例如，Linux 操作系统内核项目自 1991 年开源以来，通过建设完善开源社区，吸引全世界成千上万的开发者自发贡献和大规模协作，形成了 1300 多家企业、13000 名开发者参与的全球性技术协作网络；Apache 软件基金会作为国际知名的开源社区和开源项目孵化器，其核心社区治理理念"Apache 之道"（项目独立、厂商中立、社区胜于代码、精英治理、同济社区、共识决策、开放沟通、责任监督）已广为人知，截至 2024 年 11 月，Apache 拥有超 800 位 Apache 会员、上万名提交者，发布的代码总价值远超 200 亿美元[1]。美国等发达国家通过打造开源社区这一新型载体，为开源人才协作创新和能力提升提供了"试炼场"，对于提升开源创新效能、促进开源成果产出发挥了重要价值。

---

① 你熟知的开源项目，幕后推手竟然是他们。

三、我国开源人才发展现状与问题

1. 我国开源人才基本情况

近年来，我国开源软件开发者增速位居全球前列、总量排名第三[①]，一批龙头企业、开源贡献者活跃于顶级社区中，成为全球开源创新的中坚力量。

（1）开源开发者规模不断扩大。全球最大的开源开发平台 GitHub 官网数据显示，截至 2024 年一季度，中国开发者人数达到 1256.13 万人，全球排名第三，并且保持高速增长态势，为开源创新提供了强大的群体基础。此外，我国开源开发者还具备强大的后备军。中国开发者社区 CSDN 2022 年度数据显示，在 4300 万名中国开发者注册用户中，2022 年新增用户 600 万名，其中 60%为高中生和大学生。随着开源的普及，更多开发者还将加入开源队伍中，开源人才的增长空间和潜力巨大。

（2）开源参与者大多为开源使用者。据艾瑞咨询统计，96%的开发者正在使用开源软件，仅有 2%的开发者表示从未使用开源软件。我国开源项目使用者比例最高达到 27.8%，参与代码贡献的开发者位列第二，占比达到 18.2%。随着与社区的绑定不断加深，使用者将逐渐向贡献者转化。当然，开发者在使用开源的过程中，也参与开源、回馈开源。与 2022 年相比，2023 年参与过开源的开发者数量大幅增长，占比已接近一半，达到 49%，显著扩大了开源社区的力量[②]。

（3）开源贡献者占比较低，多来自大型软件企业。我国开源贡献者多数为头部科技企业，在开源项目的贡献上，主要通过修改代码和文档。《2023 中国开源发展蓝皮书》显示，我国企业开源贡献榜 TOP 20 中，华为、阿里巴巴、腾讯、百度等积极融入全球开源生态，开源贡献度位居前列。其中，72.9%的开发者参与代码贡献，49%的开发者参与文档贡献。例如，华为在国际主流项目 Linux Kernel 5.10 中，贡献的代码修改行数已位居世界第一，是第二名的 3 倍以上。此外，2018—2022 年间，我国为 Apache 软件基金会贡献的流量由 25%提升至 40%以上。2021 年，我国在全球最大的代码托管平台

---

① 中国开源软件推进联盟（COPU），《2024 中国开源发展现状》。
② 中国开源软件（OSS）推进联盟，《2023 中国开源发展蓝皮书》。

GitHub 的贡献者数量占比达到 14%，仅次于美国。

2. 我国开源人才的结构分布

（1）地域分布。中国开源人才的地域分布主要表现为一线城市集中、沿海地区次之、中西部地区较少的特点，分布情况与区域经济发达程度密切相关（见图 6-3）。具体来说，超过 40% 的开发者选择在一线城市（北京、上海、广州、深圳）工作，这些城市以其独特的经济优势、科技氛围和丰富的资源，吸引了大量开源人才。其中，北京和广东地区是开发者最为密集的地区[①]。北京作为中国的首都，拥有众多知名企业和高校，为开发者提供了广阔的舞台和丰富的资源。广东地区，特别是深圳，作为中国的经济特区，拥有强大的科技创新能力和开放包容的文化氛围，吸引了大量优秀的开发者前来发展。这两个地区的开发者数量占全国总数的 28.2%。江苏和上海地区则处于第二梯队，同样具有较强的经济实力、科技创新能力，以及开源发展潜力。但开源起步略晚于第一梯队，上海和江苏两地开源企业分布较分散，吸引了相对较多的开发者前来工作和生活，这两个地区的开发者数量占全国总数的 15.1%，展示出中国开源人才在地域分布上的广泛性和多样性。

（2）行业分布。中国的开源开发者群体广泛涉猎并深度参与各个技术领域的前沿开源项目。从引领人工智能新浪潮的算法创新，到大数据时代的海量数据处理，再到区块链技术的革新应用及云计算的广泛应用，中国开发者都展现了卓越的贡献和前瞻性。《2023 中国开源发展蓝皮书》数据显示，在人工智能领域，高达 45% 的中国开发者对其展现出浓厚的兴趣；此外，34%的中国开源开发者深度参与和贡献到编程语言领域，实现了技术的持续创新。在基础软件领域，约 22% 的开源开发者聚焦开源操作系统和开源数据库，多年来开源基础软件仍然占据技术主流。在开源硬件领域，RISC-V 在智慧物联网中大放异彩，国内开发者开始关注这一领域，约 6% 的开发者专注 RISC-V 开源芯片指令集研发。据 RISC-V 基金会统计，2022 年全球芯片出货量突破 100 亿枚，半数以上来自中国。中国企业在 RISC-V 基金会中占比近一半，企业积极融入全球 RISC-V 产业生态。

---

① 中国开源软件（OSS）推进联盟，《2023 中国开源发展蓝皮书》。

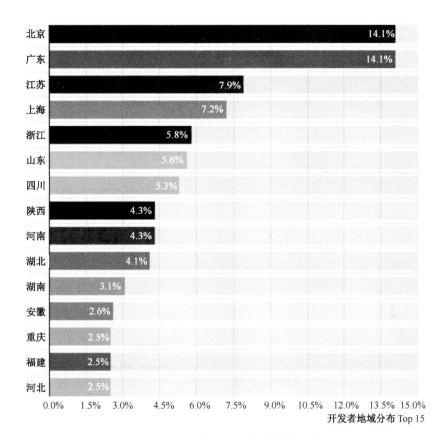

图 6-3　2023 年中国开发者地域分布

来源:《2023 中国开源蓝皮书》。

（3）领域分布。从涉及的技能领域来看，国内开源人才除掌握常见的编程开发语言如 Java、Python、C 语言、SQL 之外，Bash、Go 语言也均有涉猎。其中，40%以上的开源开发者在日常开源项目中，会经常使用 Java，Python 紧随其后，占比为 27%[①]。从专业教育背景来看，软件行业涵盖了国内近半数开发者，开源人才本科及以上学历者占 80%，且 89%的开发者都是男性，重点分布在互联网、软件、教育等领域。

（4）我国开源人才发展面临的主要问题。在"十四五"规划等政策的引领下，我国开源开发者群体迎来了蓬勃发展的黄金时期，开发者规模不断壮

---

① 中国开源软件（OSS）推进联盟，《2023 中国开源发展蓝皮书》。

大，已成为推动科技创新和数字经济发展的重要力量。然而，我国本土开源人才无论在质还是在量上都存在明显不足。

一是人才供给与市场需求不匹配。一方面，教育体系与市场需求脱节，教育机构往往侧重于传统软件开发和计算机科学的理论教学，在开源文化、开源社区参与，以及开源软件开发实践等方面的实践课程相对较少。虽然各大高校每年都在向社会输送大量的软件人才，但学生在校期间对开源技术的掌握有限，毕业后难以满足开源行业的从业需求。根据 Linux 基金会和 edX 发布的《2021 年开源工作报告》，相关开源组织对顶级开源人才的需求已大于以往任何时候，但行业人才仍供不应求。另一方面，高级开源人才稀缺，尤其在云计算和容器技术、DevOps 实践、Linux 及安全性等领域。随着技术的快速发展，行业对开源人才的要求在不断提高，绝大多数招聘经理（92%）表示，难以找到足够的具有开源技能的人才，一半的企业正在加速招聘开源人才，进一步加剧了人才缺口[1]。根据 CSDN 统计，我国开发者群体中，熟悉 Windows 平台的人才过剩，而自然语言处理、视觉识别、语音识别等人工智能领域的开源人才严重缺失。

二是人员技能提升与职业发展路径不清晰。一方面，现有职业体系中缺乏对开源人才的专门规定，开源人才往往面临职业定位不明确、人才评价标准不全面、职业培训体系不完善等问题，由于开源活动的多样性和跨领域性，使得企业和个人难以准确把握开源人才的特点和需求。另一方面，与开源人才发展制度衔接不上。现有的职业发展和人才培养制度往往侧重于传统行业和企业内部的需求。开源人才的技能评估往往依赖开源社区的认可度和影响力，这与传统企业内部的技能评估体系存在显著差异。传统企业可能更注重学历、证书、项目经验等硬性指标，而忽视了开源贡献、技术影响力等软性指标，使得人才在技能提升、资源获取及职业规划等方面难以获得有效支持，限制了其发展。

三是开源社区共建与国际合作开拓面临挑战。我国开源项目国际竞争力不足，关键领域严重依赖于国外开源项目，缺乏有重大影响力和话语权的开源产品。企业奉行"拿来主义"，只会依赖国外开源软件技术底座构建上层应

---

[1] 开源人才紧缺，社区歧视却日益严重，三年增长 125%。

用,"在他人土地上开垦"的局面没有根本改变。据 BenchCouncil(国际测试
委员会)发布的世界首个开源贡献榜,美国以 96.67 分的分数在国家榜上遥
遥领先[1],贡献了多个头部明星开源项目。而我国开源项目主要集中在操作
系统、数据库等传统基础软件领域。例如,在数据库领域,根据"墨天轮数
据库排行榜"的收录,232 款国产数据库中多数是在国外 MySQL、PostgreSQL
等开源数据库的基础上进行二次开发而成的,尚未孵化出 MariaDB 等具备
广泛参与度和认可度的"拳头"开源产品[2]。

---

[1] 世界首个开源贡献榜。
[2] 中国数据库排行——墨天轮。

03

打造高水平开源人才梯队

2024 年 7 月，党的二十届三中全会审议通过了《中共中央关于进一步全面深化改革、推进中国式现代化的决定》提出："教育、科技、人才是中国式现代化的基础性、战略性支撑。必须深入实施科教兴国战略、人才强国战略、创新驱动发展战略，统筹推进教育科技人才体制机制一体改革，健全新型举国体制，提升国家创新体系整体效能。"开源人才是打造高水平开源体系的重要根基，是引领关键软件技术演进路径、抢占新兴技术创新的关键要素。当前，我国开源生态正迅速从参与融入走向蓄势引领的新发展阶段，开源技术发展速度进一步加快，对高水平开源人才的需求将更为突出。必须加快打造高质量的开源人才梯队，夯实人才发展根基，为我国开源建设提供源源不断的智力支持。

（1）营造利于人才发展的良好政策环境。面向高校，鼓励提供开源教育培训。鼓励学校积极探索开源学科、建设开源课程，鼓励院校联合开源社区、头部企业开展校园行、竞赛、训练营等开源活动，实现产教结合、拓宽学生开源学习途径；鼓励学生参与、贡献开源，培养开源理念，营造育才用才的良好氛围。面向企业，鼓励开源机构尤其是开源贡献企业，利用开源项目优势基础，向外部提供技术指导，将更多的开发者培养为优秀的开源参与者、贡献者，培育一批专业型的开源人才；鼓励企业内部定期开展开源技术专题培训，根据自身的业务需求和员工的技术水平，制定针对性的开源技术培训计划，确保员工能够系统地学习和掌握开源技术。

（2）提升开源人才的商业素养与产业实践技能。建立产业、学术、研究一体化开源人才培养体系，建立政府、产业、学术研究协作的开源实践平台。鼓励开源机构尤其是开源贡献企业，利用开源项目和专业优势，向外部提供方法引领和技术指导，帮助更多开发者强化开源实践技能，将其培养为优秀的开源参与者、贡献者，为开源产业提供高素质的开源开发和运营管理人才。

（3）健全完善开源人才评价机制。建立评价体系，按照成果共享、促进协作、以我为主、内外赋能的原则，坚持定量与定性相结合，从5个维度体系化推进开源贡献度评价，并推动将评价结果纳入教师职称评定、企业员工考核及评优评先等工作中。健全激励机制，支持各行业对在开源工作中作出突出贡献集体进行奖励，构建以行业奖励为主体、社会奖励为补充的开源奖励体系。优化调整现有制度中对开源人才的薪酬限制，推动开源基金会薪酬待遇与业界科技机构接轨，让优秀的开源人才得到合理回报，从而释放开源人才创新活力，支撑我国开源生态体系的可持续发展。

（4）加强与国际开源社区的交流与合作。支持开源开发者参加国际会议和交流活动，加强与国际知名的开源组织、基金会和社区的合作，共同举办或参与国际开源活动，为国内的开源开发者提供更多的国际交流机会；推动国内开源项目与国际接轨，提升国际影响力。通过社交媒体、开源平台、技术博客等多种渠道，积极推广国内的优秀开源项目，提高本土项目在全球范围内的知名度和影响力；鼓励国内的开源开发者积极参与国际开源项目的开发，与国际同行合作，共同推动技术创新。定期举办国际开源项目路演和展览，邀请国际知名的开源项目和团队来华交流，与国内开发者分享经验和技术成果。

第七讲

开源的"安全防线"——开源风险防范

故事引入：进击与危机并存——看 Log4Shell 漏洞攻击事件影响

2021 年 12 月 10 日，国家信息安全漏洞共享平台（CNVD）发布了 Apache Log4j2 组件存在远程代码执行漏洞的公告。Apache Log4j2 组件是一个基于 Java 语言的开源日志框架，被广泛应用于业务系统开发，用以记录程序输入输出日志信息。攻击者可利用该漏洞向目标服务器发送精心构造的恶意数据，触发 Apache Log4j2 组件解析缺陷，实现目标服务器的任意代码执行，获得目标服务器权限。该漏洞可能导致设备远程受控，进而引发敏感信息泄露、设备服务中断等严重危害，属于高危漏洞（见图 7-1）。

公开网络资产测绘工具 FOFA 统计的数据表明，目前全球暴露在外网的 400 多万台资产使用了 Apache Log4j2 组件，而我国存量最多。Apache Log4j2 作为最常用的 Java 程序日志记录组件之一，被应用于各种各样的衍生框架，同时它也是 Java 全生态的基础组件之一，基于其构建的软件产品数量巨大。该事情引发了整个软件行业的动荡，导致全球软件供应链安全面临失控的风险。

全球新一轮的产业数字化升级对开源软件的依赖日益增加，从而催生开源生态的蓬勃发展。而开源软件的全球化和开放共享的特性使得任何一个底层和基础的开源组件漏洞都有可能像病毒一样快速传播，给全球的数字化产业带来无法估量的影响。该漏洞事件无疑为企业敲响了安全警钟，如何做好此类事件的"防微杜渐"及加强开源安全的风险治理，成为被广泛探讨的新命题。

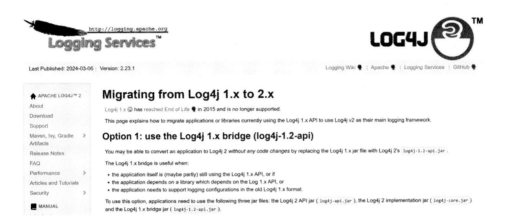

图 7-1　Apache Log4j2 出现远程代码执行漏洞

来源：Apache Logging Services 官网。

01

开源风险的主要类型与来源

随着软件开发方式的转变，传统的单体模式演进为开源规模化协作模式，逐渐形成了开源供应链的网状结构。这种结构更加复杂，带来了风险挑战。

一、安全漏洞风险

安全漏洞风险是指在使用开源软件时，软件中存在的安全缺陷或弱点，可能导致系统被攻击、数据泄露、服务中断或引起其他形式的安全威胁。这些安全漏洞可能包括但不限于代码注入、缓冲区溢出、跨站脚本（XSS）、SQL注入、权限提升等问题。例如，"心脏出血"漏洞（Heartbleed Bug），影响了广泛使用的开源 SSL/TLS 加密库 OpenSSL。这个漏洞允许攻击者读取服务器内存中的敏感数据，如密码和私钥，而无须任何用户交互。

开源软件漏洞风险和新型威胁交织联动，对开源生态安全造成多重挑战。

（1）开源项目组件关联依赖数量增多，增大开源供应链管理复杂性。引用开源组件能够大幅度提高软件开发效率，是开源软件热度攀升的重要原因。开源组件依赖数量的增加，在一定程度上反映出开源项目开发迭代和生态更加活跃。然而，开源组件的安全状况却不容乐观，这些组件在项目中被大量引用和广泛依赖，使得开源供应链风险管理更为复杂。以国际代码托管平台 GitHub 上关注数量超过 50 个的开源项目作为样本分析发现，近半数开源项目存在组件依赖，项目依赖组件数量增长明显。据统计，存在组件依赖的开源项目占比一直保持在 40%以上，其中存在 300 个以上组件依赖的开源项目增速最为明显，同比增幅达到 138.9%。从开发语言来看，存在组件依赖的开源项目覆盖了各类主流开发语言，以 Java、JavaScript、Python、PHP 等热门语言为主。从组件依赖数量来看，大多数开源项目依赖组件数量在 100 个以内，但组件依赖数超过 300 个的开源项目有明显增长，说明开源项目组件依赖数量趋于增加。

（2）开源代码漏洞数量处于高位，漏洞威胁呈现"链式传导"效应。开源作为软件开发的重要模式，备受行业关注，开源项目及其版本更新数量迅速增长。与此同时，开源软件被企业和个人广泛应用，但开源软件安全状况不容乐观。一方面，开源软件漏洞数量居高不下。根据奇安信代码安全实验室统计，2023 年分析的 1763 个国内企业软件项目中，平均每个项目使用 166 个开源软件，平均每个项目存在 83 个已知开源软件漏洞，含有容易利用的开源软件漏洞的项目占比为 68.1%；此外，存在已知开源软件漏洞、高危漏洞、超危漏洞的项目占比分别为 88.0%、81.0%和 71.9%。又据新思科技统计，2023 年在其分析的 1703 个代码库中，有 48%包含高风险漏洞，仅比 2022 年减少了 2%；84%的代码库包含至少一个已知开源漏洞，比 2022 年增加了近 4%，开源软件安全形势不容乐观。另一方面，开源安全漏洞影响呈现连锁效应。开源项目间存在错综复杂的依赖关系，开发者进行组件引用往往不进行漏洞审查，极易导致开源项目在引用组件时引入安全漏洞，致使漏洞在组件间广泛传播。Apache 软件基金会开源项目的 Log4j2 组件高危漏洞成为 2021 年影响最广泛的开源漏洞。根据公开网络资产测绘工具统计，目前全球暴露在外网的资产有 586 万台都使用了 Log4j2 组件，而我国存量最多，达到 210 万台。直至 2022 年 6 月，该开源漏洞仍然被黑客利用，对全球软件供应链造成余波影响。

（3）开源供应链投毒、恶意软件包成为开源生态安全的新型威胁。国际政治局势不断变化，特别是俄乌争端以来，"开源无国界"、共建共享共赢的氛围遭到一定破坏，如明星开源项目 NPM 出现了运维人员以"反战"名义恶意"投毒"、根据 IP 地址擦除俄罗斯用户数据等恶性事件，对下游开源项目使用者造成不利影响。同时，恶意软件包成为实施开源供应链攻击的常用手段，即攻击者诱导下游开源开发者下载与正常软件包相似的恶意软件包，从而注入恶意代码。2023 年，Sonatype 的人工智能工具在 NPM 中发现了 422 个恶意包，在 Pypi 中发现了 58 个恶意包。

二、知识产权风险

知识产权风险是指使用开源软件时未正确遵守开源许可证，导致知识产权侵权问题。这可能包括违反许可证条款，如未能公开修改后的源代码，或者在商业产品中不恰当使用受版权保护的开源组件。MongoDB 在 2018 年更改了其开源数据库的许可证，从 AGPL 3.0 改为 Server Side Public License（SSPL），并在其商业产品中加入了 Commons Clause 附加条款。这一改变引发了争议，因为变更后 MongoDB 要求基于 MongoDB 的服务提供商必须开放其服务的源代码，这直接影响了使用 MongoDB 作为后端服务的公司。

开源软件具有独特的产权模式，使用和分发须遵循开源许可证协议的规定，这带来了更为复杂的知识产权问题和法律合规风险。国家工业信息安全发展研究中心对 GitHub、Gitee 等代码托管平台上的大型开源项目开展许可证扫描分析，发现以下几种情况。

（1）超过 10% 的项目未使用开源协议，开源合规意识缺乏。对 GitHub 平台 1000 星以上共计 14370 个项目进行扫描发现，有 1548 个软件无项目级的开源协议，占比约 11%；有 12822 个软件有项目级的开源协议，占比约 89%。开源项目开发者借助开源协议规范参与各方行为的意识有待进一步加强。

（2）项目使用开源许可证类型复杂，对开发者许可证选择能力提出更高要求。目前业内常用的开源协议包括 Apache 2.0、BSD、GPL、LGPL、MIT 等。根据协议内容对用户行为的限制程度，开源许可证分为宽松型许可证和著佐权型许可证。这类许可证强制要求开源软件被修改并再发行时，仍然公开源代码。开源软件发布时，开发者需要结合项目类型，选择最符合开源目的是开源协议，最大限度降低开源行为合规风险，实现项目目的。从项目数量来看，开发者倾向于选择赋予用户更大权利和更少限制的许可证，如 GitHub 上使用 MIT 宽松许可证的项目数约为 11 万个，远高于其他许可证。从项目占比来看，GitHub 平台上使用 MIT、BSD、Apache 等宽松型许可证的开源项目占比达到 90% 以上，国内的 Gitee 平台上类似情况达到 50% 以上。

值得注意的是，我国首个自主开源协议——木兰许可证使用度不高，开发者对许可证条款内容的理解有待加强。

（3）业界对许可证兼容性认识不足，许可证冲突问题普遍存在。由于不同的开源项目或依赖包使用了不同的开源协议，这些协议的"宽严尺度"不尽相同，因此开源项目或依赖包在混合使用时，可能存在开源协议的兼容性风险。通过国家工业信息安全发展研究中心对 GitHub 平台上 14370 个开源项目的扫描结果显示，存在开源协议兼容性风险的项目有 1859 个，占全部项目数量的 13%。其中，存在依赖包与依赖包开源协议兼容性问题的开源项目为 942 个，存在项目与依赖包开源协议兼容性问题的项目为 1479 个。

（4）国内 GPL 纠纷进入司法视野，判决标准仍待探索。近年来，开源领域相继出现不少诉讼案件，特别是"数字天堂诉柚子科技著作权侵权案""罗盒诉玩友案"，引发各界对开源合规的广泛关注。国内围绕开源协议的司法实践开展积极探索，出现了一些典型判例。例如，"数字天堂诉柚子科技著作权侵权案"是我国司法实践中涉及 GPL 开源协议的第一案，法院判决首次确认并认可了 GPL 协议的法律效力。在"闪亮时尚与不乱买电子商务公司侵害计算机软件著作权纠纷案"中，判决明确了 GPL 协议的效力范围，指出"独立程序"不受 GPL 互惠性的影响。"罗盒诉玩友案"则入选 2021 年最高人民法院十大知识产权案件，该案判决明确基于 GPL 3.0 的开源软件发布者无权加入商业使用限制保留条款，商业用途的用户也可以使用其分发的源代码。

三、维护性风险

维护性风险是开源项目可能因为缺乏持续的支持和更新而变得不稳定或不再安全。如果一个开源项目停止了活跃开发，那么它可能不会及时修复新发现的安全漏洞或兼容性问题。Ghostscript 是一个开源的 PostScript 解释器，但它的维护情况并不总是稳定的。在某些时候，核心开发者团队的变动，使项目经历了维护上的延迟，导致一些企业用户需要自己承担维护和打补丁的责任。

目前，大量关乎基础设施安全的开源软件仍由社区志愿者开发和维护，安全防护严重滞后于发展步伐，由此埋下了突出风险隐患。

（1）超过 70% 的开源软件项目处于不活跃状态。假设将超过一年未更新发布过版本的开源软件项目定义为不活跃项目，奇安信代码安全实验室数据显示，2023 年全年，主流开源软件包生态系统中不活跃的开源软件项目数量为 5469685 个，占比为 68.7%，低于 2022 年的 72.1%，与 2021 年的 69.9% 基本持平。对 8 个典型的开源软件包生态系统进行分析和比较发现，NPM 从 2022 年的 72.7% 大幅度下降为 60.4%，Nuget 从 2022 年的 54.3% 迅速上升至 79.0%。除此之外，其他包生态系统中不活跃项目的占比均与 2022 年持平。NPM 的不活跃项目数量依然最多，达 2520717 个，Rubygems 的不活跃项目占比依然最高，达 90.7%。其中，8 个典型的开源软件包生态系统的不活跃项目情况如表 7-1 所示。

表 7-1   8 个典型的开源软件包生态系统的不活跃项目情况[①]

序号	包生态系统	项目总数/个	不活跃项目数/个	不活跃项目比例
1	Maven	727228	504362	69.4%
2	NPM	4170641	2520717	60.4%
3	Packagist	421935	421935	76.5%
4	Pypi	536523	536523	66.8%
5	Godoc	809061	809061	75.3%
6	Nuget	640966	640966	79.0%
7	Rubygems	178693	178693	90.7%
8	Swift	94886	94886	88.3%

（2）开源社区不对开源软件的安全进行"兜底"。开源软件普遍缺乏长周期运维支持，并且开源社区、平台、开发者不对开源软件漏洞修复担责。对于使用、集成了开源软件的商用产品供应商或者用户而言，在产品生命周期内常常面临开源软件版本运维支持中断、缺失、不到位的突出痛点。在华为统计的 3469 款开源软件中，仅 68 款软件（1.9%）提供长期支持承诺，支持期平均不到 3 年，低于商用软件产品的平均生命周期 3～5 年（硬件产品或更长）。业界对开源代码大多是直接使用或只做些小修小补，极易埋下未知的安全隐患。

---

① 奇安信，《2024 中国软件供应链安全分析报告》。

（3）开源项目维护者对安全问题的修复积极性较低。美国新思科技公司《2024 开源安全和风险分析报告》显示，14% 的代码库中漏洞已经有"10 岁"以上的"高龄"；代码库中的漏洞平均"年龄"为 2.8 年；2022—2024 年，49% 的代码库没有任何开发活动。另据统计发现，一个安全问题从提交到维护人员反馈确认并修复，时间较长的可达一年甚至更久。

四、供应中断风险

供应中断风险是依赖于开源软件的组织可能面临供应中断的风险，尤其是当开源项目受到外部因素的影响，如自然灾害、人为因素、政治动荡或法律诉讼，导致无法继续使用或获取该软件。2022 年 1 月初，Faker.js（见图 7-2）的作者 Marak Squires 主动恶意破坏自己的项目后"删库跑路"。该事件发生之后，瞬间引发了开源圈"震动"。Marak Squires 不仅将 Faker.js 项目仓库的所有代码清空，只留下了一个简短的自述文件"What really happened with Aaron Swartz?"，还注入了引起程序死循环的恶意代码，导致众多应用程序崩溃。

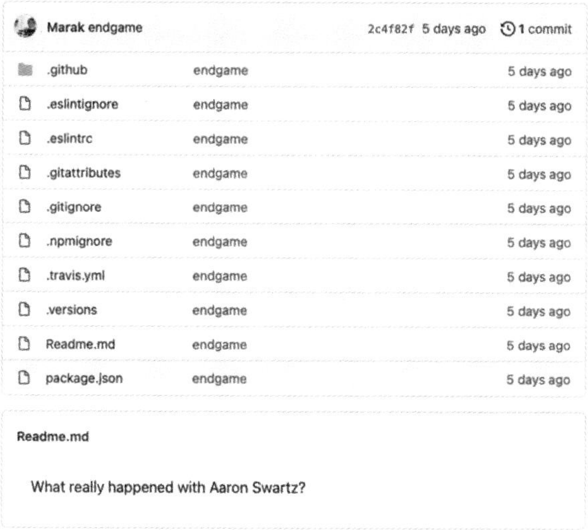

图 7-2　Faker.js 开源项目

随着软件供应链的全球化和开源闭源软件的交汇融合，叠加世界环境日趋动荡复杂，政治主张和政治倾向导致的贸易摩擦加剧，软件日益成为国与国之间竞争和博弈的重要手段。开源软件供应链中的主要角色为受西方把控的商业科技巨头、开源基金会、开源社区及代码托管平台。其中，商业科技巨头和开源基金会大多把持着开源社区及代码托管平台，在开源软件供应链中占据龙头地位。可以预见，在全球经贸摩擦趋于常态化、产业供应链风险不断加剧的背景下，由政治博弈和商业利益驱动的开源软件供应链安全事件和纠纷将更加频繁地发生。

（1）开源软件"停服断供"事件不时发生，"开源无国界"岌岌可危。开源逐渐成为大国博弈的新战场、产业竞争的新赛道，全球开源软件供应链安全风险也在不断增加。这种局面警示我们：在全球软件供应链中自主性较差、依附性较强、处于弱势地位的国家，一旦供应链"命门"被别人掌握，无论是契约还是开源，随时都可被断供制裁，对产业乃至国家安全造成重大威胁。开源软件供应链风险事件的根源大致可分为两类。一是由政治博弈驱动的开源软件供应链风险事件。例如，2019 年 7 月，全球最大的代码托管平台 GitHub 以"违反美国贸易法律"为由，对俄罗斯、伊朗、叙利亚、古巴等国家的平台账号进行封锁限制；2019 年，GitLab 平台宣布启用"职位国家封锁"令，停止招聘中国、俄罗斯的软件开发者担任网站可靠性工程师及相关职务；2021 年 2 月，美国政府签署总统令，在开源软件领域对我国的限制措施全面收紧。由政治博弈驱动的开源软件供应链风险事件与国际关系动向紧密相关，一般在供应链风险事件发生前已有一系列制裁措施为其铺垫。二是由商业利益驱动的开源软件供应链风险事件。例如，2018 年 10 月，MongoDB 为反对部分云计算公司违背许可证协议的商业行为，将其开源项目许可证从 GNU-AGPL 3.0 切换为 SSPL，对部分云上用户正常使用造成了一定影响；2020 年 12 月，美国红帽公司宣布将于 2021 年年底停止旗下开源操作系统 CentOS8 更新服务，CentOS 曾以"免费的 RHEL 版本"而被全球用户广泛推崇，此举遭到全球开发者的口诛笔伐。由商业利益驱动的开源软件供应链风险事件一般难以预警，其影响多为全球性的。我国开源生态起步晚、基础弱、开源技术对国外依赖性强、软件供应链受制于人，软件领域日益成为美国对我国遏制打压的战略重点，"脱钩断链""停服断供"等事件时有发生，我国软件供应链面临的不稳定性和不确定性增加。

（2）开源软件供应链攻击事件频发，开源漏洞正在成为新的制裁手段。在全球化深耕协作背景下，开源软件供应链安全事件频发，开源供应链面临全方位多层面风险挑战。2020 年，攻击者在 Pypi 官方仓库中上传恶意包，致使用户在安装知名 Python HTTP 库时，易因为拼写错误而遭到该恶意包的攻击。2020 年，ForeScout 在 4 个开源 TCP/IP 协议栈中发现 33 个 0day 漏洞，影响超过 150 家厂商的数百万智能化工业产品和设备。2021 年年末曝出的 Apache 开源项目 Log4j2 组件高危漏洞引起行业广泛关注。据统计，在世界最大的代码托管平台 GitHub 上，共有 60644 个开源项目发布的 321094 个软件包存在与 Apache Log4j2 相关的安全风险。2022 年，攻击者窃取了 GitHub 发给第三方集成商 Heroku 和 Travis-CI 的 OAuth 用户令牌，下载了数十名 GitHub 用户的数据，造成用户隐私泄露。2022 年，恶意软件供应链攻击率同比增加了 633%，过去三年软件供应链攻击率平均每年增加 742%。Gartner 数据显示，到 2025 年，全球 45%的企业将遭遇恶意软件供应链的攻击。

开源风险的防范策略

一、开源基金会主导建立开源软件安全机制

2020 年 8 月，Linux 基金会牵头成立开源安全基金会（Open Source Security Foundation，OpenSSF）。OpenSSF 作为跨行业的全球开源安全合作组织，汇聚了全球开源安全精英，通过建立开源开发者最佳实践、保护关键项目、开源项目安全风险识别、供应链完整性、安全工具和漏洞披露等专项工作组进行协作和集中努力，来提高开源软件安全性。受微软和谷歌等科技公司支持，OpenSSF 于 2022 年 2 月进一步启动 Alpha-Omega 项目，联合安全团队和开发人员系统性地挖掘并处置开源软件项目中尚未发现的漏洞，进而提高开源生态整体安全。在 2022 年 5 月 12 日召开的美国白宫开源软件安全峰会 Ⅱ 上，Linux 基金会和开源安全基金会共同推出"开源软件保护投资计划"，预计在两年内投入 1.5 亿美元以支持包括安全教育、风险评估、软件物料清单（SBOM）在内的 10 个领域。

该计划在多个联邦机构支持下，由 Linux 基金会、开源安全基金会牵头落实，主要面向参与 OpenSSF 社区的大型科技企业募资。目前，亚马逊、爱立信、谷歌、英特尔、微软和威睿已认捐超过 3000 万美元，亚马逊在此次峰会上承诺进一步追加投资 1000 万美元。从投资方向来看，总投资规模接近 1.5 亿美元，围绕改进开源软件全生命周期安全，确定了安全教育、风险评估、数字签名、内存安全、事件响应、漏洞扫描、代码审计、数据共享、软件物料清单、供应链支撑环境安全 10 个投资方向如表 7-2 所示。

表 7-2 开源软件保护投资计划确定的 10 个方向

序号	投资方向	行动目标	第一年/美元	第二年/美元
1	安全教育	面向公众提供软件安全开发基准教育和认证	450 万	345 万
2	风险评估	为前 10000 个或更多的开源组件建立一个公开的、供应商中立的、基于客观指标的风险评估仪表板	350 万	390 万
3	数字签名	加速在软件发布版本中添加数字签名,以增强信任	1300 万	400 万
4	内存安全	通过替换 C/C++等非内存安全语言来消除漏洞产生的根本原因	550 万	200 万
5	事件响应	建立 OpenSSF 开源安全事件响应团队,安全专家可以在漏洞应急处置的关键时刻介入,协助开源项目工作	275 万	305 万
6	漏洞扫描	通过高级安全工具和专家指导,促进项目维护者和安全人员及时扫描出新的漏洞	1500 万	1100 万
7	代码审计	每年对多达 200 个最关键的开源组件进行一次第三代码审查,以及任何必要的补救工作	1100 万	4200 万
8	数据共享	协调全行业的数据共享,以促进研究识别和确定最关键的开源组件	185 万	205 万
9	软件物料清单	持续改进工具和培训,以推动 SBOM 广泛采用、普及	320 万	待定
10	供应链支撑环境安全	针对 10 个最关键的开源软件开发系统、套件管理器和部署系统,建立供应链安全工具和最佳实践	810 万	810 万
合计			6840 万	7950 万

注:国家工业信息安全发展研究中心软件所根据公开资料整理。

二、政府协调建立开源安全治理规则

2022 年 1 月,美国国家安全顾问杰克·沙利文和副顾问安妮·纽伯格就 Apache Log4j2 开源代码漏洞所带来的巨大影响,组织召开白宫开源软件安全峰会,商讨开源软件安全问题处理机制。此次峰会强调了建立政府和开源相关方的协作,对开源软件实施持续的安全监测,并推进供应商落实《加强国家网络安全的行政命令》。

针对开源软件安全风险问题，欧盟实施开源代码审计计划，全面摸底开源软件漏洞。2014 年，"心脏出血"漏洞事件后，欧盟提出实行"软件代码的治理和质量：自由软件和开源软件审计"（Governance and Quality of Software Code: Auditing of Free and Open Source Software）试点项目。

2015 年，欧盟委员会发起"自由软件和开源软件审计"（European Union Free and Open Source Software Auditing，EU-FOSSA）计划。欧盟委员会认为，开源软件已经在公众和欧盟范围内被普遍使用，确保和维护开源软件的完整性和安全性具有很强的必要性。对于日常使用的应用程序的基本安全，以及公众信任相关的底层软件代码，欧盟需要掌握代码质量，并采取更多的行动提高关键开源软件的安全性和完整性。而学习自由软件和开源软件开发的最佳实践，以及明确机构内代码审查的流程、目标和责任可以改善关键软件的可信度。项目包括三个部分：①对欧洲机构和开源社区软件开发实践进行比较研究，对欧洲机构实施开源软件代码审查进行可行性研究；②定义统一的方法，针对欧洲议会和欧盟委员会内部使用的自由软件和开源软件及技术明细建立完整清单，并收集软件相关的数据；③选择自由软件和开源软件示例进行代码审查。

在 2015—2016 年 EU-FOSSA 试点项目的基础上延期三年，欧盟委员会提出了 EU-FOSSA 2 项目，将建立提高欧洲机构使用的自由软件和开源软件安全性的可持续的过程，特别是通过实行漏洞赏金（Bug Bounties）、代码审查（Code Reviews），以及提高对自由软件和开源软件社区的参与度，鼓励欧盟机构更广泛地参与开源软件审计，对其机构内部使用的开源软件进行审计。

2020 年 10 月，欧盟发布《开源软件战略（2020—2023）》指导开发者遵循 IT 安全最佳实践，并设立欧盟委员会开源项目办公室（EC OSPO）鼓励和促进开源生态安全治理。2021 年 1 月 13 日，EC OSPO 设立 20 万欧元的开源项目漏洞奖励计划，着重提升在欧盟内广泛使用的 LibreOffice、LEOS 等开源项目的安全性。

2022 年 9 月欧盟提出《网络安全弹性法案》提案，旨在设置一系列规则，重视所有直接或间接互联网产品的安全性。产品同时包括硬件产品和软件产品。对于开源社区而言，将要求产品制造商为所制造的产品安全性负责。如果制造商在产品中开始使用开源代码，那么这部分代码就成为产品的一部分且须为此负责。其中一条规定里明确说明需要该法案的群体，不以商业化为目的而发生的任何开发将被允许忽视这些规则，开源代码开发人员通常无须像从商业利益出发的企业那样快速响应安全事件。

三、商业公司积极推进开源项目安全应用

在自动化漏洞扫描与管理平台方面，以 Snyk、GitHub Advanced Security、Black Duck 为代表，通过将开源安全工具集成到开发流程中，实现了自动化开源组件扫描、许可合规检查和漏洞管理。它们利用机器学习算法分析代码，实时监控开源组件的漏洞数据库，一旦发现新的安全威胁漏洞，立即通知开发者，从而将补丁部署时间大大缩短。

在供应链透明度工具方面，为了增强开源供应链的透明度，OWASP Dependency-Check、OpenSSF Scorecards 等工具被广泛应用。这些工具自动化评估项目依赖的安全状况、提供的安全评分或健康检查报告，有利于帮助开发者和组织在选择开源组件时作出更为明智的决策。通过提高供应链的可见性，减少了未知风险的引入，促进了整个开源生态的健康发展。

在代码签名与验证技术方面，为应对代码篡改和供应链攻击，美国在推进代码签名和验证技术方面走在前列。如 The Update Framework（TUF）和 Notary 项目，通过为软件包和容器镜像提供签名和验证机制，确保代码的完整性和来源信任度。这些技术的实施，为软件分发渠道增加了额外的安全层，减少了恶意软件通过供应链传播的可能性。

可信开源体系能力构建

对开源软件进行治理在各行各业已逐渐形成共识，以"安全、合规、高效"为基本原则，结合开源治理方法论，从组织架构、管理体系、工具平台等方面构建可信的开源体系，开展开源治理的探索，逐步形成一套开源软件应用管理和使用的最佳实践，从而增强开源技术的信任度，促进其在商业、政府及关键基础设施等领域被广泛采纳。

一、健全相关法规政策标准体系

全面且协调的法规政策与标准体系可以为开源软件的使用和开发提供一个清晰的指导框架，确保开源软件在各个领域的合规和应用安全。通过增加针对软件供应链管理的具体条款、明确关键软件产品和服务的安全性和可控性要求，能够为关键信息基础设施运营者设定更加明确的安全责任和义务，确保企业能够采取适当的措施来保护其系统免受潜在的威胁。同时，标准化SBOM 的数据格式、推进软件代码签名技术、确立软件成分的唯一标识方法，以及制定软件供应链成熟度评估框架，都可以为构建可信的开源环境奠定基础。

二、深化 SBOM 应用推广

SBOM 就像是软件的"配料表"，它详细记录了软件产品中所有组件的信息，包括开源组件、第三方库及其各自的版本号。通过标准化 SBOM，能够更好地跟踪软件供应链中的每个环节，提高透明度，确保软件的可追溯性。这在面对安全漏洞时尤为重要，因为 SBOM 可以帮助快速识别受影响的组件，及时采取措施进行修复。软件供应链的透明化是提升安全性的重要途径。在重点行业如党政机关、金融、船舶、石化、航空等领域，推行 SBOM 的使用，要求供应商在交付软件产品时附带 SBOM，有助于在早期阶段发现并应对潜在风险。此外，建设 SBOM 管理平台，提供生成、审计、监测和预警服务，是强化软件供应链风险防控的关键举措。

三、夯实配套工具与平台支撑

工欲善其事，必先利其器。工具与平台对于确保开源软件生态系统的稳健运行也尤为重要。这一体系旨在提供一系列关键服务，包括代码托管、开发测试、漏洞管理等，以支持开源软件的高质量开发和安全使用。自主可控的开源代码托管平台是开源生态的核心基础设施，不仅要提供稳定的代码托管服务，还要具备备份和恢复功能，以规避单点故障带来的数据丢失风险；完整的开发测试工具链是提升软件开发效率和质量的关键，包括代码编辑器、编译器、构建工具、自动化测试框架、持续集成/持续部署（CI/CD）系统等。国家工业信息安全发展研究中心搭建了开源软件安全检测及供应链风险防范平台，聚焦开源软件的漏洞管理和风险防范，保障重点行业开源软件供应链的安全稳定。

四、筑牢开源软件供应链安全防线

企业应当明确开源软件供应链的安全管理目标，增强审查供应商的安全能力，并要求其提供第三方和开源组件的详细清单。在采购商用现货软件时，应充分评估供应商的安全能力，与其签署安全责任协议时，应要求供应商提供所使用的第三方组件及开源组件清单，并对出现的安全问题提供必要的技术支持；在自行或委托第三方定制开发软件系统时，应执行软件安全开发生命周期管理流程，对软件源代码进行安全缺陷检测和修复；并重点管控开源软件的使用，建立开源软件资产台账，持续监测和消减所使用开源软件的安全风险。目前，由中国科学院软件研究所研发的"源图"已成为国内领先的开源软件供应链安全管理平台，它不仅提供了全面的开源项目知识图谱，还具备智能漏洞预警、代码托管与协作等核心功能，为开源软件的合规使用和风险管控提供了强有力的技术支撑。

五、构建开源软件可信代码仓

在开源软件的广泛应用中，确保代码的可靠性和安全性成了不容忽视的重点。可信代码仓不仅仅是代码的存储地，更是软件供应链中的一道坚固的防线，为开源软件的高质量、高安全性提供了坚实保障。开展关键项目的组件清洗、评估认证和安全加固，布局支持全球关键项目、开源组件、第三方库的全面境内镜像化，打造开源项目"白名单"和开源组件"优选库"，解决开源组件可信供应问题；鼓励企业建立专职部门（机构），建设维护开源中心仓，对来自外部开源社区、第三方库的组件进行统一选型管理，从技术可持续、网络安全、合法合规、长期支持等方面，明确组件准入要求；引导重点开源社区，加强开源软件全生命周期管理和运维，健全代码安全审核、众研众测、信息共享、风险预警机制，规范开源社区的代码合入、组件选型、安全检测、漏洞挖掘与公开、版本更新、应急处置、停止维护等行为。

第八讲

举棋布阵——
开源的战略价值

故事引入：欧盟对开源战略价值的研究

欧盟对开源的关注最早可追溯到 2000 年前后，20 多年间，欧盟发布多份文件对开源软件进行专门的研究部署，在此期间开源在欧盟的战略地位不断上升。欧盟最新开源战略——《2020—2023 年开源软件战略》（*Open Source Software Strategy 2020-2023*）甚至将开源与欧盟数字战略（EU's Digital Strategy）紧密结合，以"开放思维（Think Open）"为主题，提出通过鼓励和利用开源的变革性、创新性和协作性，推动开源实践，支持欧盟总体数字战略目标和"数字欧洲"计划目标的实现，欧盟一系列举措背后的深层原因是：开源对欧盟经济社会发展将起到不可忽视的推动作用。

2021 年 9 月，欧盟委员会在《开源软硬件对欧盟经济的技术独立性、竞争力和创新的影响研究》报告中指出，过去十年，开源软件已成为软件行业中所有领域的主流[①]。开源在促进经济发展、提高产业创新力和竞争力、增加社会福祉等方面发挥着重要作用。研究报告表明，在国民经济方面，开源软件对欧盟国内生产总值（GDP）作出了重要贡献，开源贡献量每增加 10%将为欧盟带来 0.4% ~ 0.6%的 GDP 增长。在产业创新方面，调查结果显示开源软件对初创企业具有积极影响。根据欧盟预测，成员国在 GitHub 上的提交

---

① 欧盟官网，Study about the impact of open source software and hardware on technological independence, competitiveness and innovation in the EU economy。

量每增加 10%，就会有 650 多家信息技术初创企业诞生。在社会就业方面，开源可以通过提高企业生产率和市场竞争力来间接促进就业。此外，欧盟对开源的重视并不局限于软件领域，还体现在利用开源推动芯片等关键领域的创新发展。欧盟认为，硬件领域的 RISC-V 开源指令及架构不被任何一家公司拥有，它具有更大的灵活性和安全性，因而可以作为实现芯片自主权的理想平台。基于此，开源未来有望发展成为欧洲工业数字化转型的基石。

可见，通过开源来汇集创新资源，充分释放开源创新潜能，已成为实现国家数字经济高质量发展的必经之路。目前，针对数字化转型战略、欧盟开源安全审计计划（EU FOSSA）及地平线欧洲计划（Horizon Europe）等多个战略计划，欧盟委员会已明确表示会支持开源发展与安全保护。此外，欧盟委员会以开源方式共享了数百个软件项目，其中包括为欧洲互联互通设施（Connecting Europe Facility）、欧盟统计局（Eurostat）及联合研究中心（Joint Research Centre）等部门开发的软件，这些开源软件项目不仅有助于欧洲公民和企业发展，还促进了技术创新和经济增长。欧盟对开源的相关研究和支持举措为其成员国在开源产业领域的决策和规划提供了重要依据，也为其他各国开源战略布局提供了新的思路。

01

开源的战略价值

一、开源推动技术创新加速

开源是驱动技术创新和加速产业发展的核心动能。一方面，开源是汇聚高端人才的最有效方式。放眼全球，当前大规模开发者和科技企业均积极参与开源，开源项目成为聚集和吸引优秀研发人才的关键抓手，开源社区搭建了有助于开发者交流贡献的最佳平台。以开源数据库厂商平凯星辰为例，其充分释放开源人才的汇聚效应，依托 TiDB 开源社区，吸引了全球超过 2000 位开源贡献者，共同为 TiDB 产品的开发迭代积极贡献力量[①]。另一方面，开源是集聚各类技术资源的最优平台。在全球，开源代码托管平台 GitHub 一家独大，几乎所有最前沿、最先进、最具技术含量的顶级开源项目都集聚于此，覆盖了人工智能、大数据、物联网、云计算、操作系统、数据库等各技术领域。在国内，Gitee 经过十余年的运营发展，已成为全国规模最大的代码托管平台。截至 2023 年 7 月，Gitee 已拥有超过 2000 万个代码仓库，托管项目超过 2800 万个，集聚了几乎所有本土原创开源项目[②]。

二、开源促进产业生态繁荣

开源通过开放共享其基础共性资源，能有效避免产业主体"重复造轮子"，帮助产业分工协作，促进大中小企业融通发展，变"零和博弈"为"正和博弈"。

---

① TiDB 社区官网。
② Gitee 官网。

一是开源加速龙头企业"建生态"。开源能够充分发挥头部品牌"虹吸效应"，吸引更多"生态伙伴"合作，打造龙头企业繁荣生态。龙头企业往往将开源作为企业发展战略，对内形成开源文化的协作模式，对外传播开源理念，打造品牌影响力。华为鸿蒙通过开源变"一家所有"为"开放共有"，加速产业生态集聚。二是开源加速创新成长型企业"抢市场"。开源的协作模式帮助开源产品快速获取更多、更复杂的实际业务场景，通过实际业务场景的打磨加速产品的迭代和成熟。帮助建立企业和工程师个人的技术品牌，吸引更多高技术人才加入，同时也能让企业产品和服务在与外部开源社区的持续交流中获益。三是开源加速初创企业"出产品"。对于软件信息服务业初创企业而言，时间和用户就是资本，越快推出可面向市场的产品，越快接触到用户，就能越快对外发声，抢占细分赛道。初创企业在产品开发中使用开源软件或开源组件，相当于"站在巨人的肩膀上"，快速形成产品。

三、开源赋能数字经济高质量发展

一方面，开源正成为推动产业数字化的重要力量。世界卫生组织的开源办公室认为，数字技术在公共卫生解决方案的设计、开发和实施过程中发挥着越来越重要的作用，并且开源的软件、工具、AI 算法、数据和内容已是公共卫生数字技术生态系统中的一个重要组成部分[1]。另一方面，开源帮助产业缩小数字鸿沟，促进社会数字公平。欧盟委员会针对开源软件计划指出，开源有助于提高透明度，允许欧洲国家公民、企业及公共服务机构参与开源资源获取、改进和完善，致力于让每个群体都受益于其他开发者贡献的成果，从而有效降低社会运行成本[2]。此外，开源还能为全球各国开发者提供更加公平的就业机会，为非洲、拉丁美洲和南亚、东亚等中低收入国家的软件开发者增加就业机会。

---

① 上海开源信息技术协会，《世卫组织设立开源办公室》。
② 欧盟委员会希望推动开源软件发展以更好地造福社会。

全球开源发展格局

目前，全球开源项目数量持续增长，开源软件"马太效应"进一步凸显，头部开源项目具备"断层式"领先优势，涵盖操作系统领域、云计算领域、大数据领域和人工智能领域，其中以 Linux、OpenStack、Apache Hadoop、Tensorflow 等为典型代表。

在操作系统领域中，国外开源操作系统 Linux 占据主流地位。根据 Linux 基金会统计，全球 90%的公有云平台采用了 Linux 系统，99%的超级计算机市场、82%的智能手机市场和 62%的嵌入式设备也都基于 Linux 系统[①]。亚马逊 AWS、微软 Azure、谷歌云平台和阿里云等主流云服务商都采用了 Linux 系统方案。在云计算领域，美国国家航空航天局（NASA）和 Rackspace 公司推出的 OpenStack 已经成为目前仅次于 Linux 的第二大活跃开源社区，拥有来自 176 个国家的 31894 名成员，得到了 555 家公司的支持[②]。据 OpenInfra 基金会统计，高达 80%的 OpenStack 云运用于生产，仅有 13%正在部署，8%处于概念验证阶段，OpenStack 因此成为全球部署最广泛的开源云软件。在大数据领域，美国的 Apache Hadoop 开源框架已被国外的雅虎、脸书、IBM，以及国内的百度、阿里巴巴、华为、腾讯用于数据挖掘分析和云基础设施建设。在人工智能领域，谷歌的 TensorFlow 发布不久即成为 GitHub 上用户最

---

① Linux Foundation 官网，《中国嵌入式操作系统行业市场调查研究及发展前景规划报告》。

② 后浪云，中国开发者 OpenStack 新版本代码贡献率位居第一。

多的深度学习框架，经过多年发展，逐步形成了以谷歌的 TensorFlow 和 Meta 的 PyTorch 为代表的"双寡头"格局，持续引领全球 AI 框架技术创新升级趋势。

中国开发者和中国企业在全球开源社区中从崭露头角到成为核心力量，全球知名的开源社区和开源基金会逐渐加大了与中国开源生态的整体合作，国内开源项目呈现快速发展态势，国际影响力正逐步攀升。据有关开源项目的调研分析发现，在人工智能、区块链、云计算等新一代信息技术领域，部分中国开源项目已跻身世界前列，典型代表有百度的深度学习平台飞桨（PaddlePaddle）、商汤的计算机视觉算法平台 OpenMMLab、矩阵元的隐私 AI 开源框架 Rosetta、阿里巴巴的海量信息中间件 RockeyMQ、京东的开源区块链 JD Chain。在物联网、智能网联汽车、开源硬件等方向，中国开源项目正在奋起直追，努力缩小差距，涌现出自动驾驶平台项目 Apollo、工业互联网平台项目 COSMOPlat 等一批优秀开源项目。在开发工具、编程语言等基础领域，中国开源项目距离世界领先水平还存在较大差距。总体而言，我国开源项目仍呈现根基浅、生态弱的特点，具有国际影响力的开源项目相对匮乏，对于底层核心技术掌控力度不足，如 85% 以上的国内数据库均基于甲骨文旗下 MySQL 开源项目进行二次开发，未来在极端情况下会产生缺少自主性和话语权的局面。

整体来看，目前全球开源体系呈现"三级梯队"发展格局。一是美国掌握了全球主流开源组织，以及项目、人才等重要资源，同时建立了全球领先的开源风险治理规则和标准体系，在开源发展和安全方面均处于"领跑"地位，在全球开源体系中处于第一梯队。二是中国、印度、欧盟等依托较高的信息化建设水平和软件工程化能力，已发展成为全球开源的主要贡献国家和地区，在开源发展整体实力处于第二梯队。其中，我国利用超大规模市场优势和工程师红利，成为开源技术创新和行业应用的重要力量，印度是大规模开源贡献国，在全球开源发展版图中不容忽视，欧盟则通过一系列开源战略推动开源在欧洲国家发展，以开源加速社会数字化转型。三是俄罗斯、巴西等国家也开始重视开源，成为新兴开源贡献国，但开源发展实力处于第三梯队。

世界主要国家开源发展战略

一、美国：提倡通过多深层次开源降本增效

作为开源领域的"领头羊"，美国政府高度重视对开源软件的宣传普及，提高政府机构和社会公众对开源的认识。早在 2002 年，美国智库就开始利用开源软件对政府政策问题进行研究[1]，以期为政府决策提供支持；2003 年，美国国家级科研组织 MITRE 研究指出，开源软件在美国国防部（DoD）中发挥的作用比人们普遍认为的更为关键；2009 年，为打消公众对开源软件的顾虑，美国国防部备忘录《关于开源软件的澄清指南》指出，开源软件在安全性、可靠性、面对任务需求变化的灵敏性等方面有诸多优势[2]；2021 年，为引导政府机构及公众正确认识、使用开源软件，国防部首席信息官（CIO）办公室对开源软件使用过程中可能面临的问题进行了全面解读，解读内容包括开源的定义、开源软件与商业软件的区别、开源许可证、开源供应链风险等[3]。总体而言，美国二十年来制定了多项政策，旨在充分利用开源软件优势和价值，借助开源推动多项国家战略深入落实。具体而言，美国推动开源发展的举措主要包括以下几个方面。

（1）支持开源软件在政府机构内部应用推广。一方面，以政府采购方式支持开源软件，为开源软件营造了与专有软件一样的公平竞争环境。2011 年，

---

① Robert W H. Government Policy Toward Open Source Software. Washington, DC: Brookings Institution Press, 2002。

② 美国国防部，《关于开源软件的澄清指南》（*Clarifying Guidance Regarding Open Source Software*）。

③ 美国国防部开源软件问题解答。

美国管理和预算办公室（OMB）发布关于技术中立的备忘录，要求各机构在软件采购时平等地考虑开放源码、混合源码和专有软件解决方案，将开源软件放在公平的竞争环境中，不因技术的开发、许可方式而产生偏好。另一方面，要求财政资金采购的软件开源共享，推动降本增效。早在 2014 年，美国总务管理局（GSA）数字服务机构和消费者金融保护局（CFPB）就率先制定政策①，明确规定机构采购的定制软件源代码公开。2016 年 8 月，美国发布"联邦源代码政策"②，倡议政府机构内部通过软件开源和复用减少重复支出。政策指出，开源既能帮助降低成本，也能有效促进软件迭代升级并增强安全维护，依托开源社区提供的技术共享和协作开发环境，联邦定制开发的开源项目可以得到持续改进③，软件运营维护服务企业也能充分了解底层代码，有利于提高软件可靠性和安全性。基于此，政策要求各机构在采购定制开发的软件时，必须考虑将定制代码以开源的方式发布，要求联邦机构每年必须将不少于 20%的新开发源代码以开源形式公开至少 3 年，所有联邦机构都必须建立维护软件源码仓库且面向全国政府机构共享。联邦源代码政策中的基本概念如表 8-1 所示。

表 8-1　联邦源代码政策中的基本概念

1	定制开发的代码（Custom-Developed Code）	即在履行联邦合同时首次产生的代码，或由联邦政府全额资助的代码，还包括机构员工履行公务开发的代码。可能包括但不限于为软件项目、模块、插件、脚本、中间件和 API 编写的代码，但不包括探索性尝试产生的代码，如由开发人员尝试开发新语言或库编写的代码
2	开源软件（OSS）	允许任何人访问、使用、修改和共享的软件，通常需要符合开放源代码促进会提供的"开源"定义，或符合自由软件基金会提供的"自由软件"的定义

---

① 18F 办公室开源政策。CFPB 源代码策略。

② Federal Source Code Policy: Achieving Efficiency, Transparency, and Innovation through Reusable and Open Source Software。

③ 澄清关于开源软件（OSS）的指南。公开源代码支持的持续广泛的同行评审通过识别和消除缺陷支持软件可靠性和安全性工作，否则这些缺陷可能会被更有限的核心开发团队所忽视。

3	专有软件 （Proprietary Software）	由权利持有人（如个人或公司）独家保留的具有知识产权的软件
4	混合源代码软件 （Mixed Source Software）	既包含开源代码，也包含专有代码的软件
5	源代码开放平台 （code.gov）	该平台主要提供两种功能：①开源软件使用的工具、指南和最佳实践，帮助各机构实施相关政策；②提供定制代码的搜索门户，其中包括在政府范围内重用的软件，也包括以开源方式发布的软件

注：国家工业信息安全发展研究中心软件所根据公开资料整理。

（2）借助开源推动高水平数据开放。一方面，将开源融入公共服务，助力打造开放政府。2011 年，美国第一次开放政府国家行动（The First Open Government National Action Plan）提出对两个政府网站源代码予以开放：一是美国白宫将"We the People"网站的源代码公开发布①，使得各国政府机构都能使用这些源代码构建政务服务软件；二是将政府开放数据平台 Data.gov 的代码公开，鼓励世界各国政府基于 Data.gov 门户网站进行改进，建立本国的开放数据网站②。值得注意的是，美国不仅将 Data.gov 作为政府数据资产管理平台，还将其作为创新平台，支持平台上机器可读数据（machine-readable data）公开，同时鼓励公众围绕数据使用开展相关比赛，为公众提供大量有用的机器可读数据。另一方面，将开源作为促进数据开放领域国际合作的重要方式。作为美印政府开放对话（U.S.-India Open Government Dialogue）的部分内容，美国和印度合作发布政府数据平台开源版本"Data.gov-in-a-Box"③，支持软件开发人员利用现有代码建立、改进政府数据开放公共平台。

（3）在国家网络安全战略下推进开源安全。早在 2004 年，美国联邦金融机构审查委员会就发布《开源软件风险管理指引》，要求金融机构在采用开源软件时参照该指引加强风险管理④。2021 年 5 月 17 日，美国总统发布第

① We the People 是美国公民向政府请愿、行使公民基本权利的平台。

② 美国政府推出 code.gov 提供政府代码开源库，开源派。

③ 美国 Data.gov 数据门户网站和印度 India.gov.in 文件门户网站的开源版本。

④ Risk Management of Free and Open Source Software. (2004–10–21)[2021–10–20]。

14028 号行政命令（简称 EO14028）《改善国家的网络安全》（*Improving the Nation's Cybersecurity*），将网络安全提升到关系国家和经济安全的重要地位，并提出开源软件安全保障方面的多部门协同工作要求，涉及软件产品采购管理部门（商务部、OMB）、标准制定组织（NIST）、基础设施部门（NITA 和 CISA）、国家安全部门（NSA 和 DHS）等多个部门，内容包括软件安全评估、实践指导、关键软件保障等方面。EO14028 发布后，美国商务部牵头建立评估软件安全的安全准则，发布指导软件安全实践的指南，加强软件供应链安全。2022 年，美国参议院《保护开源软件法案》（*Securing Open Source Software Act of 2022*）明确要求网络安全和基础设施安全局（CISA）制定开源组件风险评估框架，在开源风险防范方面政府应加强与开源社区间的合作，提高对漏洞事件的应对能力。此外，法案还要求管理和预算办公室就联邦机构安全使用开源软件发布指导文件。

二、欧盟：将开源提升至数字主权高度

开源模式在互联网时代为各国提供了巨大的经济互惠效应，其开放和共享的特征，促使欧盟国家高度重视开源软件的发展。据欧盟委员会"开源观测"项目在 2020 年发布的分析报告中指出①，欧盟成员国及英国过去 20 年来共出台了不少于 75 份政策文件（如政府计划、战略文件等）和 25 份法律文件（包括议会决议、法律、法规等）以推动开源发展。其中，有 25 份政策文件和 6 份法律文件专门针对开源软件而制定，其他文件则在其数字化议题中提到开源。欧盟对开源的战略侧重点主要包括以下几方面。

（1）将开源与欧洲数字经济相关战略紧密结合。2020 年 10 月，欧盟发布《开源软件战略 2020—2023》（*Open Source Software Strategy 2020-2023*）（简称"欧盟开源战略"），明确提出要设立开源项目办公室（EC OSPO）、加强开源软件代码库建设、加强对开源社区的推广等。从深层来看，欧盟开源战略与其他战略紧密结合、有效衔接，为欧洲数字经济发展提供了有力指引，

---

① Devenyi V, Giacomo D D, O'Donohoe C. Status of Open Source Software Policies in Europe 2020. (2020–11–30)[2021–08–25]。

如表 8-2 所示。一方面，"数字欧洲计划 2021—2027"（Digital Europe Programme 2021-2027）深入实施，提出要加快欧洲社会经济数字化转型[①]，通过开源，欧盟委员会可以将其内部使用的软件解决方案贡献给社会，与中小企业和创新者共享技术提供便利，提升欧洲数字基础设施建设水平。另一方面，"欧盟开源战略"是对"欧洲数据战略"（European Strategy for Data）的补充[②]。欧盟数据战略指出，开源代码允许所有人使用，在进行智能化决策的人工智能和机器学习领域，开源允许访问训练方法、模型和数据，这有助于创建可互操作、非歧视和透明的程序。

表 8-2 《开源软件战略（2020—2023）》主要内容

原则	具体行动
1. 开放思想； 2. 转变； 3. 共享； 4. 贡献； 5. 安全； 6. 保持控制	1. 设立开源项目办公室； 2. 设置并推广内容默认源代码； 3. 加强开源软件代码库建设； 4. 修改开源软件分发的方式； 5. 启用和建设创新开源实验室； 6. 培养技能和招聘专家； 7. 加强对社区的推广； 8. 将开源软件加入内部信息技术治理； 9. 确保开源软件的安全； 10. 鼓励和促进内部开源

注：国家工业信息安全发展研究中心软件所根据公开资料整理。

（2）将开源作为实现数字主权（Digital Autonomy）的关键抓手。欧盟认为，在以超规模化为特征的云计算领域中，开源为欧洲提供了新的发展机遇；同时，开源在国际风险防范、前沿技术创新、公共服务与政府公开等方面也展现出明显优势。具体来说，开源在实现数字主权方面有一系列优势[③]：①开源能为产业链、供应链安全提供有力保障，开源独立于公司和国家，能避免供应商锁定风险，降低信息技术发展陷入政治风险或贸易争端风险概率；②开

[①] Commission proposal for a Regulation of the European Parliament and of the Council establishing the Digital Europe programme for the period 2021–2027 (COM (2018) 434)。

[②] Communication on A European strategy for data (COM(2020) 66)。

[③] 冯·德莱恩，《下届欧盟委员会政治指导方针（2019—2024）》。

源作为新型创新模式，能为区块链、高性能计算、人工智能、物联网等前沿领域的数字技术发展提供灵活的平台；③开源能开辟新产业新业态，借助开源模式，欧洲可以推动云计算和软件即服务（Saas）发展，同时合理平衡其优势和风险；④开源推动政府高水平开放，政府通过开源开放，增进公众对欧盟及其机构的信任；⑤欧盟通过重点投资具有自主能力和竞争力地位的开源技术，可以构筑新的竞争优势。

（3）重视开源安全风险防范能力构建。2014年"心脏出血"漏洞事件后，为提高开源软件安全风险防范能力，欧盟推出"自由软件和开源软件审计"（Free and Open Source Software Auditing，EU-FOSSA）计划①。EU-FOSSA计划在提高和维护关键开源软件的完整性和安全性方面发挥了重要作用，同时推动形成了 EU-FOSSA 社区，社区将提供有关欧盟开源软件审计项目的最新进展和结果等相关信息。2017年，欧盟继续推出 EU-FOSSA 2（2017—2019年），投入大量资金（见表8-3），进一步扩大开源软件安全审计的范围。EU-FOSSA 2 提出设立漏洞赏金（Bug Bounties）计划，开展代码审查（Code Reviews）、组织黑客马拉松等，通过一系列手段提高开发者和用户的开源安全意识，提高欧盟开源软件安全风险防范能力。

表 8-3　欧盟开源软件安全审计项目资金投入表

任务	2017 年资金投入/万欧元	2018 年资金投入/万欧元	2017 年和 2018 年资金投入总数/万欧元
准备+开源软件研究	4.3	20.7	25.0
扩展清单范围	0	15.0	15.0
安全审计	0	108.5	108.5
教育和宣传	0	50.0	50.0
EU-FOSSA 2 项目后	0	10.0	10.0
项目结果宣传推广	0	10.0	10.0
专门的项目经理	12.7	28.8	41.5
合计	17.0	243.0	260.0

注：翻译自 EU-FOSSA 2 Project Charter。

---

① Governance and Quality of Software Code-Auditing of Free and Open Source Software。

此外，随着数字产品中受网络攻击的风险加剧，从供应链角度确保数字产品安全的同时也逐渐引起了欧盟重视。2022 年 9 月 15 日，欧盟委员会提议制定《网络弹性法案》（*Cyber Resilience Act*），要求所有在欧盟市场上销售的可联网数字化设备和软件，在设计、生产、运营及维护等整个生命周期中都必须满足欧盟设定的强制性网络安全标准。

三、印度：以开源提升数字经济国际竞争力

2015 年，印度在"数字印度计划"中就强调了开源在"数字印度"建设中的重要性。计划指出，开源软件（FOSS）已经成为印度加速数字经济发展的重要驱动力：印度 85%以上的互联网运行在 FOSS 上，印度 Aadhaar、GSTN 和 DigiLocker 等大型政府项目均使用开源软件构建。同年，印度电子信息技术部发布研究报告《印度的万亿美元数字机遇》称，数据、技术等要素的全方位开放在加速国家数字转型、实现数字印度目标和提升印度创新能力方面发挥着关键作用。基于开源种种好处，印度出台开源相关政策，促进本国开源技术创新和产业发展，充分发挥数字经济时代开源的经济效益和战略价值。

（1）将开源纳入信息技术发展战略。2012 年，印度发布《国家信息技术政策 2012》（*National Policy on Information Technology 2012*，NPIT 2012），该政策旨在推动信息技术向各领域加速发展，使印度在 2020 年之前成为全球信息技术及其服务业（IT&ITES）中心的创新高地。为实现上述总体目标，政策提出 15 项具体发展目标，其中之一就是"采用开放标准，促进开源和开放技术"。一方面，印度鼓励政府与社会合力推动技术创新。印度电子和信息技术部发起"国家开放数字生态系统"（NODE）计划[①]，提出由政府部门主导创建数字基础设施，要求政府部门的技术开源共享，允许私营部门在此

[①] 国家开放数字生态系统（NODE），也称为 GovTech 3.0，是一个开放和安全的交付平台，以透明的治理机制为基础，使公民、企业和政府之间的技术合作能够转变为社会成果。

基础上二次创新，全社会创新者可以在公共的数字基础设施上合作构建新的解决方案，以提高公共利益[①]。另一方面，印度鼓励政府机构间以开源方式协同创新。2015 年，印度发布《通过开放政府应用程序的源代码进行合作开发的政策》[②]，在政府内部推广软件开源开发模式和生态合作，鼓励政府与机构间以开源协作方式开发高质量软件，激发全社会开源创新潜能。

（2）支持开源技术和成果应用推广。政府带头将开源融入公共服务和数字基础设施建设。印度公共服务平台 eGovernments Foundation 就是以开源方式建立的，有效避免了政府依赖单一供应商。此外，印度法院案例信息系统"Case Information System-National Core Version 2.0"也使用开源技术开发，同时印度还支持开源项目广泛应用于社会公共福利领域。例如，"增强桌面端开源软件无障碍性"（Enhancing Accessibility for FOSS Desktops），旨在帮助残障人士使用计算机桌面，满足其在信息技术使用中的具体需求，在该项目下开发的所有解决方案和产品均免费，项目开发出 ALViC（为视力障碍者提供的无障碍 Linux）、Anumaan（一种预测性文本输入系统）被广泛应用在残疾人相关的组织中，为社会公共福利作出了重要贡献。

（3）以开源为纽带激发公众广泛参与数字创新。印度高度重视开源的推广普及，以激发全社会的开源创新热情，利用开源打造一批高质量软件成果。2017 年，印度电子和信息技术部（MeitY）和国家电子政务部门（NeGD）联合推出 OpenForge 平台[③]，专门托管印度各级政府部门中运行的软件源代码，政府部门和公众可以一同访问，参与协作创新和高效开发。电子和信息技术部（MeitY）专门创建了项目团队，负责 OpenForge 平台的维护、推广和开源社区的管理，打造了一批高质量开源软件。GeM、UMANG、DigiLocker 等数字印度计划下关键项目均依托 OpenForge 平台完成了整个开发周期。此外，

---

① NODE 计划。

② Policy on Collaborative Application Development by Opening the Source Code of Government Applications。

③ OpenForge 与 GitHub 和 SourceForge 等流行的开源开发平台类似，但 OpenForge 更专门专注于电子政务应用。

2021 年，电子和信息技术部（MeitY）宣布开启"开源软件创新挑战计划"（FOSS4GOV Innovation Challenge），面向开发者、开源社区、企业家和初创企业征集开源项目，邀请其展示客户关系管理（CRM）、企业资源规划（ERP）等开源软件产品，被选中的项目将被广泛用于健康、教育、农业、城市治理等领域，同时获得奖金资助、孵化指导、专家指导、创意孵化服务等全方位支持。

第九讲

摸清底数——
地方开源发展
举措与成效

故事引入：深圳政策叠加强力打造开源高地

　　近年来，开源生态发展势头迅猛，在推动信息技术产业创新、促进产业协作、加快各行业数字化进程方面发挥了日益突出的作用。尤其是进入"十四五"时期以来，开源首次提升到国家战略层面，被写入"十四五"国家发展纲要，成为全国各省市的关注焦点。在北京、上海、深圳、浙江、南京、安徽等多个省市的"十四五"规划中，开源已经与发展数字技术、建设数字经济密不可分。各省市大力推进开源生态建设，结合地方实际，出台相关政策加快布局特色化开源发展。2024 年 3 月 2 日，深圳市工业和信息化局、深圳市政务服务和数据管理局联合印发《深圳市支持开源鸿蒙原生应用发展 2024 年行动计划》。该政策明确通过政策牵引、市场主导、社会共建方式，发挥深圳作为中国软件名城、软件与信息服务的集聚中心、创新高地和出口重镇的区位优势，将深圳打造成原生应用软件类型广泛、各类场景替代使用彻底、开发人才和企业集聚、产业空间和资金供给充足、生态组织支撑有力的鸿蒙原生应用软件生态策源地、集聚区。该政策的出台充分彰显了我国各地政府建设开源体系进入了攻关突破阶段。

01

率先打造"开源鸿蒙开源欧拉之城"——深圳

一、创新引领，开源发展基础雄厚

作为粤港澳大湾区重要的科技创新高地，深圳是我国产业基础实力位列全国第一方阵的软件名城，享有"中国硅谷"的美誉，具备扎实的软件实力和强劲的增长活力。根据工业和信息化部统计数据：2023年深圳市软件业务收入 11636.1 亿元人民币，同比增长 15.4%，规模占全国软件业务收入的比重为 9.4%，位居全国大中城市第二位。2024 年 1 月，工业和信息化部正式公布 2023 年中国软件名城评估结果，深圳以全国第一的名次获评"三星级"中国软件名城称号。

软件产业是深圳市经济高质量发展的强引擎，深圳市政府高度重视软件产业的发展，持续为开源生态体系建设谋篇布局。近年来，深圳充分发挥特区立法权的优势，先后出台《深圳经济特区数据条例》《深圳经济特区数字经济产业促进条例》《深圳经济特区人工智能产业促进条例》，为软件产业发展提供坚强的法治保障。2022 年 9 月出台《深圳市推动软件产业高质量发展的若干措施》，成为全国支持范围最全面、支持力度最大的城市级软件产业专项政策。2023 年 8 月，《深圳市工业和信息化局软件产业高质量发展项目扶持计划操作规程》发布，进一步细化供给侧和需求侧方案，通过建立资助和奖励机制，鼓励和支持软件企业、智能终端产品生产企业等各方参与开源操作系统的开发、应用和推广，细化开源软件产业发展扶持政策。

开源作为开放、平等、协作、共享的新型生产方式，加速提升技术创新、产业协作和资源重组效率，成为深圳市锻长板、扬优势、打造更具全球影响力的经济中心城市和现代化国际大都市的重要力量。一是开源发展根基扎实。

我国官方开源组织开放原子开源基金会首批 10 家捐赠企业中，过半数总部或者区域总部设立在深圳，深圳成为国内开源软件贡献的"主力军"。地处"中国硅谷"核心地带的深圳南山区，汇聚了深圳市软件园、深圳湾科技生态园、深圳市软件产业基地等重点软件园区。腾讯、中兴、百度、字节跳动、金蝶等名企，以及众多中小企业扎堆，开源创新发展势头强劲。二是高能级创新载体密集。深圳先后建设鹏城实验室、人工智能与数字经济广东省实验室（深圳）、粤港澳大湾区数字经济研究院等重点创新载体，着力构建鲲鹏创新平台体系，提供开源领域的基础设施、知识产权、法务及开源文化推广等方面的专业服务。深圳奥思网络运营着国内规模最大的代码托管平台 Gitee（码云）及国内大型综合开源技术社区 OSCHINA（开源中国），为国内开发者提供技术交流、代码托管、协作开发等活动的平台。三是积极推进产学研合作。深圳重视软件人才的引进和培养，着力打造"企业+高校+新型研发机构"的创新联合体。高校发挥开源教育先锋队作用，深圳信息职业技术学院开设全国首个职教领域开源鸿蒙高等工程师学院特色班——"开源鸿蒙班"。开放原子"校源行"活动在深圳技术大学成功举办。在人才引培方面，高校新增大数据、区块链、人工智能等专业学科，为产业发展提供人才储备；人才引进数量持续增长，为产业高质量发展提供有力的人才支撑和智力保障。四是打造开源国际合作重镇。深圳拥有华为、中兴、迈瑞、腾讯、深信服等一批出海先锋企业，近年来，字节跳动、阿里巴巴、小米、百度等一大批国内企业在深圳设立国际研发中心，以深圳为基地辐射到海外市场。国际企业也纷纷在深圳布局，英特尔公司打造旗舰级大湾区科技创新中心，ABB 在深圳布局全球开放创新中心。

深圳以"打造软件产业集群"为抓手，创新性探索以市场化手段培育开源发展生态，加大软件核心根技术研发投入。深圳已发展成为我国软件与信息服务的集聚中心、开源协同创新的高地。

二、积极打造开源鸿蒙开源欧拉产业高地

在深圳大力推进开源软件产业发展的过程中，开源鸿蒙和开源欧拉作为国产开源操作系统的代表，受到了政产学研各界的高度关注。深圳市立足本

地开源鸿蒙和开源欧拉的发展基础与发展机遇进行全方位布局，从供给侧和需求侧双向发力，依托完备的扶持政策、完整的科技产业链、丰富的应用场景，为开源鸿蒙和开源欧拉的蓬勃发展提供肥沃土壤，描绘出深圳开源软件产业发展蓝图。

深圳市优化顶层设计，积极打造全球"鸿蒙欧拉之城"。2022 年 6 月，深圳市工业和信息化局率先发布《深圳市关于加快培育鸿蒙欧拉生态的若干措施（征求意见稿）》，针对"鸿蒙欧拉生态培育和产业发展的痛点难点"问题，提出了产业主体培育、应用牵引、生态建设 3 个方面共 12 条措施，支持多方参与开源鸿蒙和开源欧拉商业版本的开发和应用，构建繁荣的开源生态。2023 年 7 月，《深圳市推动开源鸿蒙欧拉产业创新发展行动计划（2023—2025 年）》除支持开源鸿蒙、开源欧拉关键技术攻关、建设创新载体外，还提出通过深圳品牌"走出去"系列活动，实现开源鸿蒙、开源欧拉合作辐射金砖国家、"一带一路"合作伙伴和国际友城等，推动开源鸿蒙、开源欧拉比肩全球领先操作系统，实现我国开源软件高水平"走出去"。2024 年 3 月，《深圳市支持开源鸿蒙原生应用发展 2024 年行动计划》要求，加强开源鸿蒙原生应用供给能力，推动开源鸿蒙原生应用产业集聚，完善开源鸿蒙原生应用生态体系，从技术开发、软件应用、人才培养的角度全方位支持开源鸿蒙原生应用发展。2024 年 3 月，开源鸿蒙生态创新中心在深圳湾生态园揭幕，成为开源鸿蒙发展的重要一步，为生态伙伴提供基于开源鸿蒙的软硬件产品测试认证、适配迁移、展示推广、品牌建设、人才培养等多种公共服务。

鸿蒙是华为开发的一款面向万物互联的全场景分布式操作系统，于 2019 年 8 月正式发布。2020 年 9 月，华为宣布将鸿蒙操作系统的基础能力捐献给开放原子开源基金会，由开放原子基金会整合其他参与者的贡献，形成 OpenHarmony 项目。开源鸿蒙的主要研发和开源团队集聚深圳，2022 年，华为超过 1900 名研发人员为开源鸿蒙提交代码并被合并采用，共建代码超过 2500 万行；深圳开源鸿蒙（简称"深开鸿"）超过 300 名员工提交代码并被合并采用，共建代码超过 120 万行①。经过近 4 年的发展，开源鸿蒙已经有超过 6700 名共建者、70 家共建单位，代码行数超过 1 亿行，已有超 4000 个应用

---

① 羊城晚报, 助力关键核心技术高水平自立自强 深圳打造开源操作系统产业高地。

加入开源鸿蒙生态①。截至 2023 年年底，深圳参与开源鸿蒙生态建设的企业数量共 49 家，产品数量共 133 款，贡献软件发行版 11 款②。截至 2024 年 4 月 25 日，OpenHarmony 社区已有超过 250 家伙伴，累计已有 210 个厂家的 559 款产品通过兼容性测评。其中，软件发行版 44 款，商用设备 303 款，覆盖金融、超高清、教育、工业、警务、城市、交通、医疗等众多领域③。

开源欧拉（openEuler）起源华为自研的服务器操作系统 EulerOS，可广泛应用于服务器、云计算、边缘计算、嵌入式等各种形态设备，应用场景覆盖 IT（Information Technology）、CT（Communication Technology）和 OT（Operational Technology），实现统一操作系统支持多设备，应用一次开发覆盖全场景。2021 年 11 月，华为携手社区全体伙伴共同将开源欧拉正式捐赠给开放原子开源基金会。openEuler 社区秉持"共建、共享、共治"的原则，已吸引超过 1300 家头部企业、研究机构和高校加入，汇聚超过 16800 名开源贡献者，成立超过 100 个特别兴趣小组（SIG）。截至 2023 年 12 月，开源欧拉累计装机量超过 610 万套，并在通信、金融、电力、交通、信息化等领域规模化商用，创造了显著的经济效益和社会效益④。

深圳通过培育开源鸿蒙、开源欧拉操作系统发展生态，主动迎接新的技术与产业升级机遇，将助力深圳关键核心技术高水平自立自强，打造数字经济的关键底座，加快构建现代化产业体系。

---

① OpenHarmony 社区运营报告（2023 年 12 月）。
② 中国经济网，支持鸿蒙原生应用生态在深发展壮大。
③ 中国发展网，深圳发布重大开源项目申报指南，助推 OpenHarmony 生态发展。
④ 扬子晚报，欧拉部署累计 610 万套，成为企业数字化转型的首选操作系统。

开源创新的"软件之都"——北京

一、扎实的科技创新基础孕育完备的开源产业生态

近年来，为建设数字经济标杆城市，打造具有国际竞争力的信息软件产业集群，北京市抢抓新技术赛道，借助开源大力拓展数字经济发展空间，坚持"开源、开放、共享"理念，持续完善开源政策"工具箱"，于 2023 年 5 月印发《北京市关于加快打造信息技术应用创新产业高地的若干政策措施》，提出推进开源开放模式，鼓励企业积极参与国际开源项目，设置相关奖项优先支持优秀开源项目和人才；发布《北京市加快建设信息软件产业创新发展高地行动方案》，将开源作为信息软件业发展的基础，鼓励开源组织积极参与全球开源治理；制定重点共享开源平台奖励政策，对在京设立的基础设施类和开源社区类共享平台给予资金支持。北京软件产业在政府和市场双重带动下取得可观的成绩，2023 年，软件业务收入约 2.6 万亿元人民币，规模居全国首位[①]。得益于扎实的科技创新基础，北京成为国内开源技术发展最早、基础设施最完备的城市之一。

在开源研究机构方面，北京抢抓 RISC-Ⅴ 发展窗口期，发起成立北京开源芯片研究院，成功带动一批高性能 RISC-Ⅴ 企业成立，连续开展三期"一生一芯"培养计划，累计培养学生 6000 余名，成为我国高端设计产教融合高地。北京支持建设微芯研究院，打造开源区块链技术平台——"长安链"，推出全球支持量级最大的区块链开源存储引擎——"泓"。此外，北京市正在推动建设未来操作系统研究院，培育基于 AI 的跨端操作系统开源生态。清

---

① 工业和信息化部，《2023 年软件业经济运行情况》。

华大学、中国科学院也是当前在京推动开源软件发展的中坚力量，清华大学开发的 MiniGUI 成为中国开源软件早期的代表作，近年来陆续开发了 OpenKE、Apache IoTDB、ChatGLM 等开源项目（其中 Apache IoTDB 成为 Apache 顶级项目）；中国科学院软件研究所 1999 年筹建北京中科红旗软件有限公司和北京红旗中文贰仟有限公司，其基于 Linux 和 OpenOffice 研制的中文版红旗 Linux 和 RedOffice 开启了国产操作系统的发展之路；中国科学院计算技术研究所孵化的基础软硬件厂商龙芯中科，打造了龙芯开源社区，并与昆仑太科等共建了 OpenKunlun 开源固件社区，整合龙架构（LoongArch）平台优势资源参与到 OpenKunlun 社区相关开源工作中，发布 Linux 操作系统 Loongnix 作为龙芯软件生态建设的成果验证和环境展示环境，并积极投身基于开源指令集架构 RISC-V 的相关科研及工程实践，成为 RISC-V 国际基金会的早期成员之一。

在开源企业方面，北京市诞生了国内超过一半数量的开源企业，国内知名的互联网巨头、基础软硬件厂商积极投身开源技术贡献。平凯星辰成立于 2015 年，是一家企业级分布式数据库厂商，研发推出了 TiDB、TiKV、Chaos Mesh 等明星开源项目（其中 TiDB 在 GitHub 的星数超过 36000 个），并在 2020 年 D 轮融资中以 2.7 亿美元刷新全球数据库赛道的融资历史[①]。思斐软件由 Apache 顶级项目 Apache ShardingSphere 核心团队创立，其产品已被应用于金融、电商、物流、智能制造、政企等多个行业企业的生产环境，成为诸多公司的数据计算架构核心组件。百度作为国内头部互联网企业，技术实力雄厚，长期深耕开源深度学习领域。截至 2023 年年底，百度飞桨（PaddlePaddle）开发者社区已增长到 1070 万人，为 23.5 万家企业提供服务，且开发者在百度飞桨上创建的模型数量已超 86 万个[②]；作为开放原子开源基金会发起单位之一，百度捐赠的区块链底层技术——超级内核（XuperCore）成为基金会首个开源项目，以"高性能、自主可控、开源"为主要设计目标，打破了国外技术在区块链技术领域的垄断。滴滴对外开源项目数为 89 个，

---

① 搜狐网，数据库厂商 PingCAP 宣布完成 2.7 亿美元 D 轮融资。

② 同花顺财经，百度飞桨文心生态成果最新披露：开发者达 1070 万 模型数超 86 万。

累计总星数超过 95000 个[①]，代表项目是研发效率工具 Dokit。国产操作系统头部厂商统信打造的开源操作系统 deepin 持续更新超过 200 次，支持 33 种语言，遍布 35 个国家，共有一百多个镜像站点，全球下载超过 8000 万次，海外用户超过 300 万人[②]。

在开源社区方面，北京创新乐知网络技术有限公司运营的 CSDN，是全球最大的中文开发者互联网社区。CSDN 成立于 1999 年，其推出开源托管协作平台 GitCode，打造优质开源模型社区，致力于成为中国开发者社区的标准工具，集成的代码托管服务、代码仓库及可信赖的开源组件库让开发者在云端进行代码托管和开发。同时，通过提供开源教学、开源运营、开源活动等行业解决方案，围绕重点领域独立或联合发布《中国开源发展蓝皮书》等年度专题报告。

在开源基金会方面，国内首个开源基金会开放原子开源基金会于 2020 年 6 月在北京成立。基金会秉持以开发者为本的开源项目孵化平台、科技公益性服务机构的定位，专注于开源项目的推广传播、法务协助、资金支持、技术支撑和开放治理等公益性事业，促进、保护、推广开源软件的发展与应用，致力于推进开源项目、开源生态的繁荣和可持续发展。截至 2024 年 10 月，基金会共有白金捐赠人 11 家，黄金捐赠人 9 家，白银捐赠人 23 家，开源贡献人 9 家。基金会开源项目主要来自企业捐赠，30 个项目进入正式孵化，22 个项目处于孵化筹备期，涉及开源芯片、基础软件、汽车软件、工业软件、人工智能、云原生、数据库等重点领域[③]。目前，由北京市企业发起且在基金会正式孵化的开源项目已达 10 个，占基金会孵化项目总量的 43.5%。

在开源产业联盟方面，2004 年中国开源软件推进联盟（COPU）在北京成立，在推动中国开源软件（Linux/OSS）的发展和应用，促进中日韩及中国与全球关于开源运动（Linux/OSS）的沟通、交流与合作等方面发挥了积极作用，每年发布中国开源发展蓝皮书，跟踪研究国内开源动态趋势和进展成效。随着开源芯片技术的不断发展，作为 RISC-V 国际基金会的早期成员之一，中国科学院计算技术研究所在中央网信办指导下联合阿里巴巴、百度、清华

---

① 滴滴开源官网数据。

② 澎湃新闻，统信软件王耀华：根社区为国产操作系统的破局带来了什么？

③ 开放原子开源基金会官网。

大学等重点企业及高校、院所成立"中国开放指令生态联盟"（CRVA），围绕RISC-V 指令集，以"促进开源开放生态发展"为目标，推进 RISC-V 生态在国内的快速发展。中国开放指令生态联盟拥有 labeled-RISC-V、SERVE.r 等开源项目，并通过支持或举办 RISC-V 中国峰会、"创芯中国"全国集成电路创新挑战赛等活动促进国内 RISC-V 生态建设，为北京市打造全球"开源芯片高地"提供重要条件。

二、软件园区积极营造开源开放创新环境

软件园区是技术创新的"资源池"、产业政策的"试验田"，也是开源体系建设的"主力军"和"先锋队"。依托中关村软件园、通明湖软件园等重点软件园区，北京市成为我国开源发展的第一梯队。

中关村软件园作为"科创中国"开源试点园区，明确提出"建设开源生态"的发展目标。园区充分发挥中关村示范区在深化创新驱动、推动高质量发展中的引领带动作用，打造科教新区、创新社区、产业园区"三区联动"的开源创新基地。一是打造"线上线下"结合的国际开源创新社区，不断完善开源创新服务体系。2022 年，以中关村软件园国际软件大厦、中关村国际孵化器、中关村软件园孵化器等为重点载体，打造国际开源创新社区，推动开源成果转化和前沿项目落地。同时，园区联合讯飞等龙头企业和北京智源研究院新型研发机构，共同建设"联合创新中心"和"开放服务平台"，推动讯飞 AI 生态平台、智源飞智平台在园区本地化部署。二是积极支持园区企业参与开放原子开源基金会建设，贡献中关村开源智慧。园区内百度、腾讯云计算（北京）、软通动力、易捷思达等企业均成为基金会重要参会单位，2023 年园区内开源项目数量达到 293 个①。除捐赠首个开源项目超级链以外，2020 年 10 月百度发起成立国内首个区块链开源工作组，在开放原子开源基金会指导下进行区块链相关事务的专项管理。腾讯云计算（北京）向基金会捐赠了 OpenKona、OpenCloudOS、OpenTenBase 三个开源项目，在下一代云原生操作系统、云数据库等领域引领技术创新。软通动力围绕 OpenHarmony

---

① 中国经济新闻网，走进中关村软件园，看下一个万亿级市场在哪里？

开源项目，从源代码、人才培养、社区运营等方面为开源鸿蒙生态的构建积累经验和贡献力量。

北京经济技术开发区（简称"经开区"）作为北京市重点布局的开源核心承载区，聚焦基础软件领域，着力突破操作系统核心根技术和人工智能、云原生等前沿技术，不断夯实开源发展基础。经开区《关于打造国家信创产业高地三年行动方案（2023—2025 年）》明确指出高水平打造国际开源社区；聚焦基础软件，围绕操作系统、数据库、云原生等重点领域部署一批基础性、前瞻性的优质开源项目，打造开源企业集聚区。通明湖软件园在经开区政府指导下，不断完善开源相关公共服务平台，推动开放原子开源基金会落户。2023 年正式启动建设北京国际开源社区，建成开源项目服务中心、协同孵化中心和文化推广基地，不断建设、完善开源代码托管平台等基础设施，部署具有基础性、前瞻性的开源项目，建设优秀开源根社区，构建集开源技术创新、项目运营、企业培育、生态营造、公共服务于一体的开源生态体系。

中关村软件园、通明湖软件园作为北京市开源创新资源的重要聚集地，在培育开源创新企业、促进开源技术交流、推进开源政策落实等方面发挥着引领示范作用，逐步成为推动北京市开源体系建设的重要力量。

以开源塑造 AI"模都"——上海

一、广泛吸引国内外开源资源"落沪"

上海作为我国国际化程度最高的城市之一，具有开放、创新、包容等优势，加上高端产业带来技术人才优势、海量数据资源与丰富应用场景，它正在成为知名开源基金会、项目、社区等"奔赴"的目的地。2021 年，上海市发布《促进城市数字化转型的若干政策措施》，明确提出支持国内外知名开源社区、算法和代码托管平台及相关开源组织等落户上海，在机构成立、增值电信业务办理等方面予以优先支持。这为上海市吸引开源优质力量提供了政策支持。

上海积极为国际开源组织做贡献，成为全球开源组织开拓市场的一片热土。全球最大的开源软件基金会之一 Apache 软件基金会的顶级项目 Apache Kylin 由 eBay 上海公司的开发者创立，于 2014 年在 GitHub 开源，后被捐赠给 Apache，最终晋升为 Apache 大数据领域的顶级项目，现已成为全球领先的开源大数据 OLAP 引擎，被全球超过 1500 家组织采用[1]。Apache Kylin 团队在 2016 年成功实现落地转化，随后成立大数据创业公司——上海跬智信息技术有限公司，成为上海一支重要的开源力量。Linux 基金会也与上海积极开展合作。2023 年 5 月，Linux 基金会亚太区联合上海浦东软件园、开放原子开源基金会等发起"2023 全球开源技术峰会"，并正式启动 Linux 基金会亚太区开源社区服务中心，为上海本地开发者提供精准服务，有效推动上海市的开源技术创新和全球化布局。

---

① Kyligence 官网。

上海加强与国内开源组织密切合作，汇聚优质资源共建上海开源生态。上海联合开放原子开源基金会在"2024 全球开发者先锋大会"上正式启动"上海开放原子开源基金会人工智能社区"，致力于推动 AI 生态发展的公共服务平台、建设一体化数据服务平台、构建人工智能研发数字设施生态、提供人工智能标准测试等公共服务。同时，开放原子开源基金会与上海市经济和信息化委员会签署协议，共同推动在上海成立开放原子开源促进中心，共同搭建国际开源交流平台，推动开源促进中心与国际开源基金会、社区建立紧密联系，促进开源技术与产业的深度融合。

上海积极鼓励开源企业在沪发展，着力打造明星项目"孵化器"。推动百度飞桨、昇思等国内头部开源项目加快在上海的业务布局，百度飞桨积极参与建设人工智能"上海高地"，人工智能产业赋能中心在张江落地，并与复旦大学、上海交大、上海财经等 7 所上海高校促成"松果基地"校企合作；昇思开源社区联合上海市闵行区政府等共同启动"上海昇思 AI 框架 & 大模型创新中心"，携手产业伙伴基于昇思 MindSpore AI 框架，支持全国范围的 AI 企业、高校、科研院所孵化大模型、科学智能技术研究，打造富有竞争力的"AI+行业"示范性应用场景，推动产业集聚。

上海市立足国家科创中心的定位，全面拥抱开源、发展开源，通过吸引国际国内开源组织、开源项目和企业等优质资源，以开源引领技术创新和产业升级，培育出独具特色的开源产业生态。

二、以开源开放模式打造人工智能"上海范儿"

人工智能作为上海重点发展的三大先导产业之一，近年来发展迅速，产业规模不断扩大、创新成果持续涌现、赋能城市数字化转型深入推进，行业生态日益完善。开源有效打破制约创新资源流动的地域、制度、组织壁垒，能提高人工智能研发效率，加速人工智能技术创新，促进人工智能生态构建，已经成为全球人工智能技术创新和产业发展的重要模式。开源也成为打造上海特色人工智能产业集群的关键路径。2023 年 10 月，上海市出台《推动人工智能大模型创新发展若干措施（2023—2025 年）》，明确提出打造开源大模型行业应用创新生态空间，支持大模型开源社区和协作平台建设。

在开源技术创新能力方面，上海持续加强核心技术攻关投入，创新成果不断涌现，24款大模型在管理机构备案，多款基于开源的人形机器人也即将发布。上海人工智能实验室开发的"书生浦语"大模型开源发布，同时发布了"OpenXLab浦源"人工智能开源开放体系，覆盖从感知到决策、从平面到立体、从数据到计算、从技术到人文教育的各个方面。大模型开源开放评测体系"司南"（OpenCompass 2.0），全面量化模型在知识、语言、理解、推理和考试五大能力维度的表现，客观中立地为大模型技术的创新提供坚实的技术支撑。

在开源创新载体方面，在上海徐汇区落地的全国首个大模型专业孵化和加速载体——模速空间，成为上海人工智能开源生态核心承载区，汇集了5400余个开源精标数据集、30多种数据模态、超1000个任务类型、数十亿个优质模型训练样本[①]，已集聚上游基础层、中游模型层、下游应用层等各类大模型企业80余家，初步形成了算力调度、开放数据、评测服务、金融服务、综合服务等全方位的创新创业保障体系。上海人形机器人制造业创新中心打造全球首个全尺寸人形机器人开源社区平台OpenLoong，为开发者、研究者和人形机器人爱好者提供资源库，推动人形机器人整机企业、核心部组件厂商、科研院校、具身技术研发团队融入开源人形机器人生态中。

在开源机构设置方面，由上海交通大学牵头成立的上海白玉兰开源开放研究院，旨在更好地落实国家和上海市人工智能开源开放战略部署，助力上海建设成为"人工智能高地"。上海白玉兰开源开放研究院致力于与国内外知名开源社区互联互通，汇聚国内外开发者的智慧，以开源社区平台为牵引，以提升先进算法和模型的可复现性为目标，推动人工智能领域开源软件的国际规则互认。在重点领域形成"算力、算法、数据、场景、合规"一体化的人工智能社区，建设成为国际人工智能开发生态网络的关键节点。2023年4月，依托上海交通大学和上海白玉兰开源开放研究院布局建设的"AI for Science科学数据开源开放平台"启动，该平台致力于打通学科壁垒、加速科学发现、推动人工智能技术成为解决基础学科重大科学问题的新范式。2023年7月，上海交通大学联合上海白玉兰开源开放研究院共同发布"白玉兰科

---

① 人民网，"模速空间"，这个创新聚集地年轻又新锐 | 高质量发展调研行。

学大模型1.0版"，该大模型成为上海首个开源发布的跨学科、跨模态的大模型。

在品牌生态活动方面，上海已连续举办六届世界人工智能大会（WAIC）。2019年年底，上海将算法技术开发和开放社区建设作为人工智能布局关键环节，由上海市经济和信息化委员会、自由贸易试验区临港新片区管理委员会共同推动，华为、百度、腾讯云、微软亚洲研究院等15家领军企业联合启动大会旗下"WAIC开发者生态"。此后，这一生态持续发展，高频输出专属技术内容，举办"沙龙峰会"，提供人才推荐和资源对接。截至2023年年底，生态已辐射超百万名开发者，除数千名产业界技术大咖、代码牛人外，还有4000余名各高校教师和博士、研究生等齐聚一堂。受此鼓舞，上海AI开发者生态进一步提出"社区的社区"概念，促成跨社区合作，并为社区做好项目、人才、技术、资金对接等各项支持。2023年7月，在第五届WAIC闭幕式上，上海发布《"模"都倡议》，并正式发起成立"上海人工智能产业投资基金元宇宙智能终端子基金暨上海人工智能开源生态产业集群"，涵盖算力、数据、大模型、硬件、软件等领域，加速提升上海创新策源力，助力打造人工智能"上海高地"。

探索招才引智"磁力场"——长沙

一、中部地区的开源"生力军"

近年来，作为中部地区最具创新活力的城市之一，长沙市在加快科技创新、培育开源生态方面摸索出一条特色发展之路。2023 年，长沙市软件产业营收突破 1800 亿元人民币。长沙将先进计算和信息安全产业有机结合，引导国内 4100 余家软硬件企业融入生态发展，逐渐形成了一条以湘江鲲鹏、拓维信息、国科微、景嘉微、麒麟软件等知名企业为代表的本土信息技术应用创新（简称"信创"）全产业链。作为长沙市软件产业核心承载区和开源孵化基地，2023 年长沙软件园 652 家软件和信息技术服务业企业实现营收 634.7 亿元人民币，同比增长 9.9%；长沙中电软件园 2023 年实现营收 320 亿元人民币，新引进光云科技、喜行网络、时空信安等 35 家企业①。教育部公布的首批特色化示范性软件学院名单中，位于长沙的湖南大学信息科学与工程学院、中南大学计算机学院、国防科技大学计算机学院 3 家单位在列。据统计，湖南省信息技术领域两院院士数量达 13 位，每年培养软件相关专业人才约 1.8 万人，中南大学、湖南大学等 20 余所高校开设的 100 余个与软件和信息服务产业相关的专业为长沙源源不断输送人才、智力资源，成为科技创新的重要力量。

以长沙软件园为载体，长沙大力推动开源企业引培和优质开源项目社区建设。麒麟信安、长沙酷得网络、长沙先进技术研究院、开鸿智谷、智擎科技、湖南长科等本地重点企业和机构积极为开源项目社区做贡献，推动开源

① 长沙晚报，2023 年软件产业营收突破 1800 亿元！长沙形成本土信创全产业链。

生态建设进程。其中，麒麟信安积极参与开源欧拉生态建设，开鸿智谷积极参与开源鸿蒙生态建设，长沙酷得网络是木兰开源社区首批建设单位，长沙麒麟、麒麟信安是 openKylin 社区首批理事会成员。此外，湖南长科打造中国信创服务社区，长沙先进技术研究院的 Xplaza 信创开源社区致力于打造企业级项目管理平台及信创数字化底座、建设信创应用开源生态，智擎科技的软件开发和实践教学平台 EduCoder 引入开源社区的项目协同开发流程和云化开发工具，且与中国开源软件推进联盟、确实开源等组织建立官方合作。

长沙市软件和信息服务业的快速发展，开发人才和开源社区的层出不穷，为中部地区加快开源建设提供了有利条件，也助推长沙成为中部地区的开源发展"生力军"。

二、携手 CSDN 打造"中国软件开发者产业中心城市"新名片

以打造软件开发人员"孵化器"为宗旨，长沙依托本地高校力量，成功迈出中部地区软件人才高地的新步伐。2020 年 5 月，长沙市与 CSDN 签订合作协议，确定 CSDN 全国总部落户长沙高新区，双方共同将长沙打造成"中国软件开发者产业中心城市"，吸引中国的开发者及上下游服务产业（包括虚拟产业和实体产业）聚集长沙，为长沙开源生态发展源源不断地输送人才资源。CSDN 落户长沙后，带动了大量上下游关联企业在长沙落地和开展业务，如中国领先的通信技术服务商宜通世纪，全球网络安全创新 500 强安恒信息，中国领先的视觉内容服务商视觉中国，核心技术商巨杉数据库、TAOS、Dcloud 和大数据公司易观，以及数字化技术服务商伯明顿阿米巴软件和创我软件等，为长沙软件产业完善产业链上下游资源配置打造了坚实基础。

借助 CSDN 强有力的生态号召力，长沙连续多年打造开源文化品牌活动，吸引全球大量慕名而来的开发者。从 2020 年开始，CSDN 连续 4 年举办"长沙·中国 1024 程序员节"，先后打造出岳麓尖峰对话、开源技术英雄大会、海外开源技术掌门人等多个特色品牌活动。活动期间，"引才入湘大行动"同步进行，一个专为"引才入湘"而设立的定向人才服务平台"湘遇"在发布会现场正式发布。该服务平台由万兴科技与 CSDN 联合推出，意在更

精准地为企业方和职场人群尤其是程序员，搭建一个"引才入湘"平台。

自 CSDN 从"长沙等你"成为"长沙的你"，长沙的开发者数量迎来高速增长趋势，从 2020 年的 21 万人增加至 2023 年的 47 万人[①]，增幅超过 100%。在长沙市与 CSDN 的共同努力下，长沙已成为年轻程序员青睐的中部地区重要城市，未来将逐渐发展成为国内开源的新高地。

---

① 湖南日报，全国首个！程序员首条专属街区"1024 街"在长沙开街。

第十讲

探路未来——开源
的发展挑战与趋势

故事引入：RISC-Ⅴ开启硬件创新的新篇章

2024 年 6 月，RISC-Ⅴ欧洲峰会在德国慕尼黑举行，吸引了 40 个国家的 700 多名与会者，政、产、学、研、用等多方共同探讨了 RISC-Ⅴ在人工智能、汽车、嵌入式、物联网、太空、安全等众多领域的应用潜力。其中，人工智能是峰会谈论最多的话题，多位演讲嘉宾表示 RISC-Ⅴ将在人工智能浪潮下迎来新的发展机遇。

RISC-Ⅴ是基于"精简指令集"（RISC）原则的第五代指令集架构。1979 年，美国加利福尼亚大学伯克利分校 David Patterson 教授提出了精简指令集，其本质是主张硬件专注于加速常用的程序指令。其架构设计简单、功耗低，非常适合手机和平板电脑等终端，但是一直无法和 X86 或 ARM 抗衡。直到 2010 年，加利福尼亚大学伯克利分校 Krste Asanovic 教授带领研究团队为新项目选择指令集时，因 X86 架构非常封闭，ARM 指令集授权费又十分昂贵，于是转向 RISC-Ⅳ，并和 David Patterson 教授一起进行改良，推出 RISC-Ⅴ，走进全开源的模式。

与 X86、ARM 这两大巨头的指令集不同，RISC-Ⅴ是一个自由和开放的指令集，它的标准化工作由 RISC-Ⅴ基金会主持。截至 2024 年，RISC-Ⅴ基金会会员数量已经超过 4000 家，并仍在不断扩大之中。其中，中国在 RISC-Ⅴ领域的参与度和贡献度快速提升，截至 2022 年 9 月，国际基金会 22 个理事会成员中，中国拥有 9 个席位；24 个高级会员中，13 个来自中国[①]。

　　RISC-Ⅴ基金会对任何想要用 RISC-Ⅴ设计实现处理器的企业与个人，都不会限制，也不会收取授权费用。因此，无数国内外的科技企业和机构纷纷涌入 RISC-Ⅴ赛道，开展在计算机硬件领域的创新[②]。2019 年，阿里巴巴发布 RISC-Ⅴ处理器"玄铁 910"；2021 年，中国科学院计算技术研究所发布高性能 RISC-Ⅴ处理器"香山"；2022 年，美国芯片创业公司 SiFive 推出 3.4GHz 的 RISC-Ⅴ处理器。2023 年，国内外基于 RISC-Ⅴ的产品发展更加迅猛，阿里巴巴发布自研 RISC-Ⅴ人工智能多媒体融合平台，支持运行 170 余个主流人工智能模型；RISC-Ⅴ服务器芯片制造商 Esperanto Technologies 和 Ventana Micro Systems 推出用于云计算的芯片；Meta 也推出了一款基于 RISC-Ⅴ架构的 AI 推理芯片；英特尔正在与巴塞罗那超级计算中心（BSC）合作，为超级计算机制造 RISC-Ⅴ芯片。2024 年，中国科学院软件研究所发布基于 RISC-Ⅴ的开源笔记本电脑"如意 BOOK"，搭载"玄铁 910"处理器，将应用领域拓展至 PC 领域。

　　特别是 2023 年 6 月，全球 RISC-Ⅴ软件生态计划 RISE（RISC-Ⅴ Software Ecosystem）组织成立，旨在协助 RISC-Ⅴ国际基金会共同加速 RISC-Ⅴ商用软件生态建设，也标志着 RISC-Ⅴ软件生态从纯开源主导、基金会主导进入商业化主导、全球大规模共建的时代。开源开放和全球协作的理念，也将不断推动硬件领域的持续、快速创新。

---

① 北京开源芯片研究院成为 RISC–Ⅴ国际基金会高级会员。

② RISC–Ⅴ终于等到了"掘金时刻"。

01

全球开源发展态势

当前，开源在新一代信息技术中的应用持续深化，已从软件领域逐步拓展至电子信息制造等硬件领域，同时成为量子信息、脑科学等未来产业培育的重要手段。从全球发展来看，美国、中国、印度和日本等国家开源活跃度较高，成为全球开源发展的领军力量，为全球开源发展贡献智力资源。近年来，全球主要国家和地区的开源政策频繁发布，开源开发活动显著增多，开源文化加速普及，开源人才数量持续增长，全球开源生态整体呈现高速发展态势。

一、开源政策关注发展与安全并行

全球主要国家和地区的政府高度重视开源发展，出台了一系列开源扶持政策。美国作为开源运动的策源地，在开源领域形成了系列支持政策。早在2002年，美国就发布了与开源软件相关的政府政策报告，探讨政府采购、专利等政策议题。《美国联邦法规（CFR）》规定，联邦政府采购时，将开源软件与专有软件平等对待，为开源软件营造了公平的市场环境。欧洲国家普遍支持开源软件应用推广，已将开源发展提升至国家战略层面。欧盟委员会于2020年批准了《开源软件战略2020—2023》，鼓励共享和重用软件、应用程序，并在2021年12月对外宣布将采纳有关开源软件的新规则，帮助欧盟委员会和欧洲各地的公民、企业及公共服务机构在开源软件的开发过程中受益。

印度等软件发达国家纷纷布局支持开源发展。2015 年 4 月，印度政府出台新政策，要求使用开源软件构建应用和服务，提升开发效率、增强系统透明度和确保服务的可靠性。我国高度重视开源发展，国家顶层设计不断加码，国家"十四五"规划明确支持数字技术开源社区等创新联合体发展。《"十四五"数字经济发展规划》提出，支持具有自主核心技术的开源社区、开源平台、开源项目发展。《"十四五"软件和信息技术服务业发展规划》指出，开源正在重塑软件发展生态，明确到 2025 年要建设 2 ~ 3 个有国际影响力的开源社区，培育超过 10 个优质开源项目。为全面落实党中央决策部署，推动地方软件产业高质量发展，各地纷纷出台相关政策文件，支持开源社区建设、开源项目发展及开源软件应用推广。据不完全统计，全国已有 29 个省（自治区、直辖市）及 5 个计划单列市在相关政策文件中明确支持开源发展。

同时，各国持续关注开源安全，推动开源高水平开放、创新。在美国，2022 年两党通过立法将开源软件安全列入重点考量，称为《保护开源软件法案》，提出开源软件是互联网基础设施的一部分，联邦政府应在确保开源软件长期安全上发挥支持作用；同时要求推行软件物料清单制度；网络安全与基础设施安全局（CISA）围绕美国政府及各关键基础设施机构内使用的开源代码，创建一套"风险框架"。2023 年 9 月，CISA 发布了一份开源软件安全路线图，旨在确保美国开源软件生态系统安全。2023 年 12 月，美国国家安全局（NSA）、国家情报总监办公室（ODNI）及 CISA 发布了《保护软件供应链：管理开源软件和软件物料清单的建议实践》，为美国开源软件和软件物料清单（SBOM）的行业最佳实践提供指导。在欧盟，2020 年欧盟委员会推出了《数字化欧洲 2021—2027 年行动计划》，着重强调了软件供应链的安全性和可靠性，倡导使用软件物料清单。2020 年，欧盟网络安全局（ENISA）发布《物联网安全指南》阐述物联网供应链安全准则，建议使用工具识别底层依赖软件并生成软件物料清单。我国高度重视软件供应链安全，不断推动软件物料清单在软件高质量发展方面发挥积极作用。2023 年，在工业和信息化部指导下，由国家工业信息安全发展研究中心牵头，联合产、学、研、用等优势主体，共同参与开源社区软件物料清单平台项目建设，旨在建立我国开源软件物料清单管理的标准体系、关键技术手段和公共服务能力，为加强我国软件产业链供应链安全和韧性管理提供支撑和保障。

二、开源成为科技创新的主流模式

开源模式为技术创新的扩散应用提供了良好的"土壤"，也为全球经济的转型发展提供了无穷的创新思路。在云计算、大数据、物联网等新一代信息技术快速发展期，开源模式能够快速形成产品门类，保证技术在"开放、平等、协作、分享"的氛围中被充分利用。同时，各行业领域基于共享、开放、协作的创新动力持续带动产业经济效益的增长，技术分享将有效推动行业规模扩展和生态发展，创造"集体共赢"的市场格局。在全球核心技术领域生态体系中，开源项目占比靠前的技术领域分别是人工智能、操作系统、云计算、数据库、中间件。

同时，开源项目和开发模式随着新兴技术的发展而不断变化[1]。在开源项目方面，2023年生成式人工智能项目数量呈爆发式增长，项目数量达到2022年的3倍之多（见图10-1）。最新的调查数据，几乎所有的开发者（92%）都在使用或尝试使用 AI 编程工具，这些工具可以帮助开发者更快速、更高效地开发出高质量的应用程序。

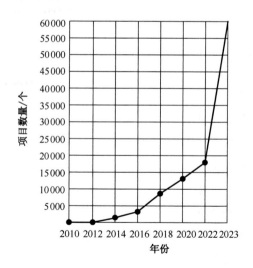

图 10-1　GitHub 上生成式人工智能项目增长情况

在开发模式方面，开发人员正在将更多的工作流程自动化。2023年，开

---

① Octoverse: The state of open source and rise of AI in 2023。

发人员使用 GitHub Actions 自动执行公共项目任务、开发 CI/CD 管道等的时间增加了 169%。开发人员平均每天在公共项目中使用超过 2000 万分钟的 GitHub Actions。GitHub Marketplace 的 GitHub Actions 数量在 2023 年突破 20000 个，社区规模还在不断扩大。生成式 AI 正在逐渐融入 GitHub Actions，成为开发者社区中，早期应用和协作能力的重要组成部分。从 GitHub Marketplace 中 300 多个由 AI 驱动的 GitHub Actions 和 30 多个由 GPT 驱动的 GitHub Actions 中可以明显看出，人工智能在开发者社区中的应用正在不断扩大和深化。开发人员不仅继续尝试使用人工智能，而且通过 GitHub 市场将其引入开发人员体验的更多部分及其工作流程中。同时，随着云原生技术的不断发展，越来越多的开发者开始大规模运行云原生应用。这些应用采用基于 Git 的基础设施，即代码（IaC）工作流，使用声明式语言来描述基础设施和应用程序的配置。同时，使用 Dockerfiles、容器、IaC 及其他云原生技术的比例也在急剧上升。通过使用这些技术，开发者可以更轻松地实现持续集成和持续部署（CI/CD），从而达成更高效、更灵活、更可维护的应用程序开发。

三、开源开发活动呈现显著增长

近年来，全球开源项目异常活跃，开源项目发展迅速，并成为开发软件必经的创新模式。全球组织与开发者也对如何构建活跃的开发者生态，如何营造健康的开源项目及可信的开源社区的关注度越来越高。GitHub 年度报告显示，2023 年 GitHub 平台软件开发活动呈现显著增长趋势。2023 年，平台托管的项目总数达到 4.2 亿个，公开仓库数量也紧随其后，达到 2.84 亿个，分别实现了 27% 与 22% 的年增长率。值得关注的是，生成式人工智能领域的项目在过去一年里增长了 248%，总数达到 65000 个，这一数据凸显了该领域的研究和应用正处于飞速发展之中。此外，GitHub 上所有项目的总贡献量达到了 45 亿次。

（1）企业内部开源持续扩张。GitHub 80% 以上的贡献都是对私有资源库的贡献。私人项目的贡献超过 42 亿次，公共和开源项目的贡献超过 3.1 亿次。大量的私有活动表明内部源（innersource）的价值很高。基于 Git 的协作不仅有助于提升开源代码质量，同时也有助于对专有代码的质量产生积极影响。事实上，在最近由 GitHub 发起的一项调查中，所有开发人员都表示，他们的企业至少采用了一些内部源代码实践；超过一半的人表示，他们的组织中存在活跃的内源文化（见图 10-2）。

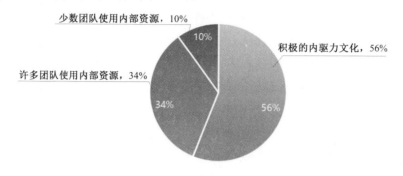

少数团队使用内部资源，10%

积极的内驱力文化，56%

许多团队使用内部资源，34%

图 10-2　企业内部源代码实践情况

（2）2023 年首次开源贡献者人数再创新高。商业支持的开源项目在首次贡献者和总体贡献者中占据了最大份额，这表明开源社区与商业领域的结合越来越紧密。同时，生成式人工智能项目也进入了"首次贡献者最受欢迎的十大项目"之列，这表明 AI 技术在开源领域的影响力正在逐渐扩大。此外，GitHub 上的私有项目数量显著增长，同比增长了 38%，占 GitHub 上所有活动的 80% 以上。

四、开源治理成为政府组织与企业共识

随着开源产业的繁荣兴盛，开源技术一方面可以帮助用户突破技术壁垒，推动技术创新；另一方面也伴随着安全性、合规性、供应链管理等一系列复杂问题的挑战。开源治理是推动开源生态健康发展的有效手段，其中涉及开源社区构建、开源许可证合规、代码安全审查等众多方面。各国政府组织与科技巨头正积极实施治理行动，以优化对开源风险的管理与控制。

（1）供应链安全方面。2022 年 1 月和 5 月，美国白宫集结了 30 余家科技企业与政府机关举行开源软件安全峰会，商讨开源软件供应链风险挑战。会议指出，当前开源软件供应链存在标准不清晰、风险处置能力滞后、生态

体系不透明等问题。软件自由保护协会诉讼 Vizio 违反 GPL、甲骨文诉讼谷歌版权侵权案等案件尘埃落定，这些事件表明，软件行业对于开源法务和合规的意识正在增强。

（2）漏洞修复方面。GitHub 上的开源社区也在加强开源治理，在保护依赖项和修复漏洞方面做得越来越好，不仅是 GitHub 上的开发人员更加注重安全性，而且越来越多的开发人员正积极投身于漏洞的修复工作中。GitHub Octoverse 2023 数据报告显示，越来越多的开发者、OSS 社区和企业通过自动化警报、工具和主动安全措施来更快地应对安全事件。2023 年，开源开发者在 GitHub 上合并了比 2022 年多 60%的自动 Dependabot 拉取请求。同时，GitHub 上提供了 Dependabot、代码扫描和秘密扫描等免费工具，能够帮助开发者修复更多有漏洞的包，并解决更多代码中的漏洞。

（3）安全合规方面。Linux 基金会于 2020 年与多家硬件和软件厂商合作，正式成立开源安全基金会（OpenSSF），基金会现有 60 多名会员，包括谷歌、微软、亚马逊等科技巨头。2022 年 3 月，OpenSSF 宣布成立 Alpha-Omega 计划，将协助开源项目维护人员寻找修补 1 万项开源代码中的新 0day 漏洞，改进开源软件生态系统的安全性。2022 年 1 月，OpenSSF 与软件包数据交换（Software Package Data Exchange，SPDX）、OpenChain 合作发布了《软件物料清单和网络安全报告》，对软件物料清单的准备和采用进行了全球范围的实证研究，详细探讨了软件物料清单的最新准备进展和采用情况，同时分析了全球软件供应链的安全挑战和机遇。

五、开源人才培养受到广泛重视

随着开源软件的普及和传播，如何培养开源项目、社区人才逐渐受到重视。目前，开源人才培育方法集中在开源教育与开源组织普及两个方向，培养具备开源软件开发技能、具有开源思维和合作精神的人才。

从开源教育来说，越来越多的职业教育机构和培训机构开始引入开源软件和工具，为学生提供更加实用且富有创新性的教育体验与机遇。基于网络的大规模开放，在线课程 MOOC 学习模式出现，大量优质开源课程资源免费共享，吸引全球学习者注册学习，其中典型的代表是 edX、Coursera、Udacity

等 MOOC 平台。

从开源组织普及来说，各类国际化开源组织传播、开源活动也逐渐成为实现开源人才培养的重要方式。各类开源组织和运营开源项目的企业，如 Apache 软件基金会、Linux 基金会、IBM 等，均将自己的开源项目运营经验和开源创新文化进行全球化传播，以鼓励更多开发者、关注者加入开源领域贡献力量。

我国开源发展现状

党中央、国务院高度重视我国开源体系建设。习近平总书记在全国科技大会上强调，要推动科技创新和产业创新深度融合，助力发展新质生产力。开源作为开放、共建、共享、共治的新型生产方式，极大提升技术创新、产业协作和资源配置效率，是加快形成新质生产力的重要途径，为建设现代化产业体系提供关键引擎。近年来，我国深入实施国家软件发展战略，落实《"十四五"软件和信息技术服务业发展规划》中关于繁荣开源生态的任务部署，推动我国开源体系建设取得积极成效。当前，我国基础设施建设已初步齐备，开源技术创新能力不断提升，开源商业化市场日趋活跃，开源人才结构日益多元，开源风险治理体系更加完备，开源国际影响力进一步提升，国内开源事业正迅速从平稳的起步阶段向蓬勃发展的繁荣阶段迈进。

一、我国开源发展基本情况

1. 顶层设计日臻完善

党的十八大以来，党中央、国务院持续加强对开源发展的统筹谋划和战略布局，推动开源上升为国家中长期发展规划，不断完善开源顶层架构设计，引导各地方因地制宜出台配套政策文件。在国家层面，国家软件发展战略明确提出要培育开源生态，《中华人民共和国国民经济和社会发展第十四个五年规划和 2035 年远景目标纲要》首次将开源列入国家五年规划，明确要支持数字技术开源社区等创新联合体发展，完善开源知识产权和法律体系，鼓励企业开放软件源代码、硬件设计和应用服务。《"十四五"软件和信息技术服务业发展规划》中将"繁荣国内开源生态"作为主要任务之一，从开源基金会、开源文化、开源基础设施、开源项目、开源人才等多个方面提出了具体要求。在地方层面，2021 年以来，广东、浙江、北京、湖北、湖南、重庆等多地陆续出台文件，推动本地开源发展。例如，《广东省人民政府关于加快数字化发展的意见》提出，支持建设国际化的开源项目和开源社区，共享开源技术、软件代码、硬件设计、基础软件和开发工具。《浙江省数字经济发展"十四五"规划》提出，推进开源开放平台建设，培育具有国际竞争力的开源生态。《重庆市加速培育软件开源创新生态助力我国软件名城建设实施方案》提出，引进开源软件龙头企业，培育具有基础性、前瞻性的开源软件项目。

2. 专业力量加速崛起

一是开发者群体不断壮大。目前，国内开源开发者数量已突破 1200 万人，年新增数量、开发者数量均居全球前列，为开源创新提供了强大的群体基础。二是国际开源贡献度全球领先。当前，中国开发者已经成为 Kernel.org 社区最大的贡献群体，贡献排名近 5 年来保持全球首位。截至 2023 年 6 月，Apache 软件基金会源自中国的活跃开源项目共 34 个，其中有 17 个项目已成为顶级项目[①]。三是开源企业快速发展。开源商业价值逐步凸显，受到创投资本高度青睐，涌现出一批优秀的开源初创企业。从项目平均活跃度可以看到，PingCAP（TiDB，TiKV）、ESPRESSIF（Esp-idf）、StarRocks（StarRocks）均脱颖而出。四是国外优质开源企业不断涌入国内市场。除早期进入中国的红帽、Novell 等开源企业外，还有世界知名开源代码托管平台 GitLab 与中国企业成立的极狐公司。

3. 软件产品蓬勃生长

在服务器操作系统领域，开源欧拉（openEuler）、龙蜥（OpenAnolis）、OpenCloudsOS 等纷纷涌现并相继推出多款优秀产品，在多项性能指标方面达到国际主流产品水平。在桌面操作系统领域，深度操作系统（Deepin）、开

---

① 中国开源软件推进联盟，《2024 中国开源发展现状》。

放麒麟（openKylin）等推出多款优质产品，经过迭代升级，产品易用性、通用性、应用体验感不断提升，实现从"可用"向"好用"迈进。在移动操作系统领域，基于 OpenHarmony 的鸿蒙操作系统在架构开放性、全场景兼容性方面已超越安卓和 iOS 系统，在智能家居、智能穿戴、汽车等领域展现出强大潜力和竞争力。目前，鸿蒙生态设备数量超过 9 亿台，开发者人数达 254 万人。在嵌入式操作系统领域，知名产品 DJYOS（秦简）、Sylixos（翼辉）、RT-Thread（赛瑞德）均为开源软件，其中 RT-Thread 装机量超过 2 亿台。在物联网操作系统领域，涌现出 OpenHarmony、Lite OS、AliOS Things、TencentOS Tiny 4 款明星开源产品。在数据库领域，培育出 openGauss（华为）、TiDB（平凯星辰）、Sequoiadb（巨杉数据库）、HugeGraph（百度）、Apache IoTDB（清华大学）等优秀产品，在全球关系型、文档型、图形及时序数据库领域取得较好的排名。在应用软件领域，我国企事业单位及个人捐赠给国际顶级开源基金会的项目数量持续增长，其中，捐给 Apache 软件基金会 22 个，捐给 Linux 基金会 15 个。

4. 社会组织日渐壮大

在开源基金会方面，国内首家开源基金会——开放原子开源基金会，由阿里巴巴、百度、华为、浪潮、360、腾讯、招商银行等多家企业联合发起，培育了开源鸿蒙（OpenHarmony）、开源欧拉（openEuler）等开源成果。在民间社会组织方面，产生了中国开源软件推进联盟（COPU）、开源社等典型代表，在推广开源文化、普及开源精神、提供教育培训等方面发挥着重要作用。在项目理事会方面，重要开源项目成立社区理事会加强管理，典型案例如openEuler 社区理事会，成员包括华为、麒麟软件、统信软件等众多骨干软件企业，通过开展 openEuler 操作系统产业合作等活动，协同全产业链创新发展。在产业联盟方面，涌现出新一代人工智能产业技术创新战略联盟（AITISA）、云计算开源产业联盟、中国开放指令生态联盟等代表性组织，加速开源与细分科技领域的融合，推动开源技术广泛应用。

5. 基础环境加速优化

在代码托管平台方面，码云（Gitee）、确实（GitLink）等本土代码托管平台不断发展，为开源协作创新提供资源管理、协作开发支持等服务支撑，呈现出代码托管与研发协作平台、代码管理平台差异化发展的格局。其中，码云（Gitee）面向各领域开发者和企业提供服务，用户数达到 1200 万人；确实开源平台（GitLink）代码库数量累计达 140 万个[①]，支持我国航空、航天、国防等多个关键领域的可信软件生产，为我国软件产业发展提供了关键技术支撑和开源实践指南。在开源社区方面，根据中国开源软件推进联盟最新统计，截至 2022 年，国内开源社区数量已超过 500 个[②]，部分社区已形成较强的行业影响力和成熟的商业模式，具备了与国际知名社区和开源基金会对接合作的能力，其中 CSDN 开发者社区和开源中国社区正在制定全球化发展战略。

6. 教育体系更加健全

一是开源课程体系建设加快推进。中日韩政府联合成立的开源软件 NEAOSS 论坛发布了"东北亚开源软件示范课程大纲"；中标麒麟教育学院、红帽学院等开源教育培训机构积极探索开设相关开源课程。二是高校积极探索开源教育实践。清华大学、北京大学、国防科技大学、华东师范大学、中国科学院软件研究所等高校院所依托教学和科研资源，探索试点开源通识教育和开源开发实践教学新模式。三是开源教育和学习平台百花齐放。基于开发工具、知识社区、开放课程、开放实践、开源竞赛等的各类开源教学平台快速发展，形成了头歌 EduCoder、OpenI 启智社区等多个代表性平台。

二、我国开源发展存在的问题

目前，国内在开源核心技术自主创新、国际影响力等方面距离全球主流水平仍有较大差距。同时，我国开源对美国存在非对称依赖关系，在开源软件供应链上仍存在"停服、断供、受限"等外部挑战，以及国际影响力弱、开源合规风险等内部问题。

（1）外部挑战方面。一是技术产品存在停服风险。目前，国内关键领域仍以国外开源项目为底层技术进行二次开发，技术路线演进方向仍然依赖国

---

① 北京金融科技产业联盟，《银行业开源生态发展报告（2022）》。
② 中国开源软件推进联盟，《2024 年中国开源发展现状》。

外开源社区。2020 年，云计算开源应用容器引擎 DockerEE 和 DockerHub 禁止已被美国政府列入贸易管制"实体清单"的企业使用，红帽公司宣布于 2021 年年底停止维护 CentOS 8，给国内企业、科研院所造成了大量的应对成本。二是供应链断供挑战依然严峻。2019 年，GitHub 出于美国贸易管制法律要求，对伊朗、克里米亚的开发者用户进行限制。2022 年，GitHub 根据美国贸易管制法律封禁俄罗斯开发者账号，致使开发者无法访问其一直贡献维护的开源项目。这些事件为我国开源软件供应链安全敲响了警钟。三是安全漏洞防范能力亟待提升。2021 年 12 月，Apache 知名开源项目 Log4j2 存在远程代码执行高危漏洞，全球近一半的企业因 Log4j2 漏洞受到黑客攻击，其中，亚洲企业受影响的比例达 42%。目前，国内 90%以上的企业采用开源模式进行开发，各行业均存在漏洞攻击隐患，提升我国开源漏洞风险防范预警和应急处置能力具有重要现实意义。

（2）内部问题方面。一是国内开源平台影响力弱。美国拥有国际三大主流开源基金会，存储几亿行开源代码、汇聚 7800 余万名开发者的代码托管平台，以及近 200 项国际通用开源协议，对关键软件领域绝大多数根社区掌握主导权。我国开源基础设施起步晚，操作系统等开源项目孵化机制和开源生态治理规则尚不成熟，仅有一项《木兰开源协议》实现国际通用，对关键软件的协同创新、赋能赋值作用发挥不足。二是开源合规问题逐渐凸显。目前，经开放源代码促进会认可的开源协议有 100 多种，并在具体开源条款上存在较大差异甚至冲突，软件开发过程中的交叉引用，可能造成由许可协议条款冲突引发的知识产权风险。而我国主导的开源许可协议仅有《木兰许可协议》，涉及开源软件的相关法律法规建设及法务人才队伍建设均存在明显的滞后性。一些开源软件从业人员普遍存在许可证法律属性认识不清、权利义务理解不准确等问题。三是各方资源尚未形成合力。美欧等发达国家和地区高度重视开源技术的产业应用和市场化发展，众多优质开源项目被广泛应用并能形成商业闭环的背后，是政府部门、龙头企业、基金会、社会资本、科研机构的大力推动。目前，国内开源组织、企业、开源社区、投融资机构等多方主体协同能力不强，一定程度上制约了资源高效流转，亟须以开源研究机构为核心解决开源发展规划问题，以基金会为核心服务产业，统筹各方优势力量，推动开源技术"用起来""推广开"。

03

我国开源未来展望

"十四五"期间，随着新时期推动软件产业高质量发展的政策红利不断释放，开源文化的进一步普及，国内企业对开源的认知逐渐成熟，开源软件供给水平不断提高、融合应用更加深入，我国开源生态发展进入快速膨胀期。我国企事业单位和个人开发者自主研发的开源数量保持高速增长，开源垂直应用场景更加丰富，金融、电信、能源、交通重点行业领域对开源软件更加青睐，会广泛在核心业务系统采用基于开源内核开发的商业产品。

（1）开源将成为我国数字创新的关键模式。开源模式凝聚全球创新要素，能够更快追踪到最新技术进展，并迅速反馈改进意见及创新思想，形成一个正循环，加速推动科技的创新迭代。尤其是在云原生、万物互联、AI、5G 等新技术领域，开源以群智模式促进技术升级、构建产业生态已经成为主导模式。未来，随着数字中国建设的不断推进，我国数字化场景迎来大暴发。建设开源开放技术生态与开放平台，实现产业链上下游的打通，加快政、产、学、研、用、投等产业创新力量融合发展，将成为各行各业的必然选择。

（2）开源领域新模式新业态将不断涌现。当前，开源引领的技术研发路径已经成熟，但开源软件产品商业转化的模式仍处于探索期，大多开源初创企业尚不具备盈利能力。未来，开源开放模式不断深入发展，应用开源协作模式创造商业价值的发展范式将得到各行业的认可，甚至成为主流，将不断催生开源领域新的商业模式，基于开源代码或开源模式成立的企业、开发的产品、形成的服务将不断涌现。

（3）我国开源将从"全面参与"迈向"蓄势引领"。从信息技术产业链来看，我国开源版图越来越大，已深度参与芯片设计、操作系统、数据库、云计算、移动计算、大数据、人工智能，乃至超级终端等产业链各个环节，出现了越来越多有影响力的开源产品和项目，由中国的创新主体发起、主导和主持的代表性开源项目、开源社区也相继涌现。这些开源产品、项目、社区不仅在国内引起了广泛关注，在世界上也形成了一定的影响力，中国开源正在从"全面参与"迈向"蓄势引领"。

附录 A　名词表

1. **UNIX 操作系统**：1969 年由 AT&T 贝尔实验室开发的多用户、多任务闭源操作系统，旨在提供高效、稳定、可靠的计算环境，主要用于在 PDP-7 计算机上编写软件。1970 年代末至 1980 年代初，随着计算机技术的快速发展和互联网的初步兴起，UNIX 系统因其稳定性、可靠性和安全性备受青睐。经过几十年的发展，UNIX 已经演变成庞大的操作系统家族，拥有 BSD、HP-UX 等众多变种和衍生版本。

2. **GNU 项目**：自由软件（Free Software）倡议者理查德·斯托曼（Richard Stallman）于 1983 年发起的项目，旨在打破专有软件对源代码获取的限制，开发一个完全由自由软件构成的类 UNIX 操作系统，为用户提供自由、开放和协作的软件环境。GNU 项目开发了 GCC 编译器、GDB 调试器等重要组件，为 Linux 内核提供了必要的支持，与 Linux 内核共同构成了广泛使用的 GNU/Linux（简称为 Linux）操作系统。

3. **自由软件基金会（Free Software Foundation，FSF）**：1985 年 10 月由自由软件倡议者理查德·斯托曼（Richard Stallman）发起成立的非营利性组织，致力于在全球范围内推广自由软件理念，捍卫软件使用者获取、修改和改进软件的自由。FSF 的主要工作是执行 GNU 项目，并因此而制定通用公共许可证（General Public License，GPL）。目前，GPL 已成为开源领域最为主流的许可证。

4. **开放源代码促进会（Open Source Initiative，OSI）**：致力于推动开源软件发展的非营利性组织。由布鲁斯·佩伦斯（Bruce Perens）及埃里克·雷蒙德（Eric Raymond）等人于 1998 年 2 月创立。与理查德·斯托曼倡导的教旨主义的开源（自由软件运动）不同，OSI 明确提出开源定义（OSD），同时探索建立不同的开源许可标准以实现开源与商业软件之间的平衡，让商业公司也可以使用开源软件而不必公开其源代码，从而推动开源软件的发展。目前，OSI 是全球公认的开源许可证认定组织，其理事会成员包括多位在开源领域具有重要影响力的专家，通过制定开源许可标准、普及开源文化、促进技术创新等推动开源发展。

5. **开源定义（Open Source Definition，OSD）**：由开放源代码促进会提出的对开源软件的界定标准，主要涉及软件的自由再分发、源代码的提供、作品的许可、源代码的完整性、非歧视性等方面。开放源代码促进会通常使用 OSD 对开源许可证进行认定，即符合 OSD 标准的许可证才属于开源许可证，相应的软件才属于开源软件。

6. **开源 Web 技术（Open Web Technology）**：Web 开发全流程视角下的开源软件，涵盖开源 Web 服务器、编程语言、数据库、框架、工具等多个方面。其中，开源 Web 服务器包括 Apache HTTP Server、Nginx 等；开源编程语言包括 PHP、Python 等；开源数据库包括 MySQL、PostgreSQL 等；开源 Web 框架包括 React、Django 等；开源工具包括分布式版本控制系统 Git、应用容器引擎 Docker 等。这些开源项目不仅具有高性能、可靠性和易用性等优点，且拥有庞大的社区支持和丰富的文档资源，为 Web 开发提供了丰富的选择和强大的支持。

7. **开源硬件（Open Source Hardware）**：最初由麻省理工学院媒体实验室提出，旨在将开源软件思想应用到硬件设计领域。开源硬件协会（Open Source Hardware Association，OSHWA）将开源硬件定义为"可以通过公开渠道获得的硬件设计，任何人可以对已有的设计进行学习、修改、发布、制作和销售"，并推出开源硬件认证计划，通过该认证的项目可以获得一个认证号码，用以表示该项目符合 OSHWA 定义的开源硬件标准。目前，已经涌现出许多知名的开源硬件平台，如树莓派、Arduino 等著名开源硬件项目均已获得 OSHWA 的认证。

8. **开放标准（Open Standards）**：指由多家组织、企业或个体共同制定、采用和维护的标准，这些标准允许任何人自由地使用、实现、修改和分发，而无须受到特定厂商或组织的控制或限制。开放标准的制定过程公开透明，由多方共同制定和维护，不依赖于特定的厂商或技术且过程透明，因此能有效避免单一厂商对市场的垄断和控制，促进技术互操作性，降低市场进入壁垒，促进竞争和创新。

9. **开源基金会**：支持和资助开源项目持续发展的中立性组织，通过开源项目应用推广、开源文化普及、开源开发者培训、开源法律合规和风险管理服务等，为开源项目孵化提供全流程指导。目前全球主流的开源基金会包括美国的 Linux 基金会、Apache 软件基金会和 Open Infrastructure（原 OpenStack 基金会），以及欧洲的 Eclipse 基金会等。

10. **代码托管平台**：提供代码托管和维护服务、专业化开发工具支持和功能服务的平台，旨在提高开源协作式开发和开源项目管理的便捷性和高效性。在支持开源社区建设、促进技术交流、提升开发效率、推动资源整合等方面发挥着重要作用。常见的代码托管平台包括美国的 GitHub、我国的 Gitee 等。

11. **开源社区**：广义上的开源社区包括围绕一个或者多个开源项目形成的社群生态（如 Linux 开源社区、openEuler 社区），也包括由一群拥有共同技术兴趣的人所组成的社群（如 CSDN 开发者平台）。狭义上的开源社区特指围绕特定开源项目形成的社区生态。开源社区包含项目核心人员、开源贡献者、开源使用者和社区管理者等多类型主体，倡导技术、知识的交流互动和开放共享。建立合理的运营和治理机制，开源社区能培育繁荣、活跃的开发者生态，支持开源项目迭代优化和快速成长。

12. **开源企业**：参与开源创新的企业，包括采用开源许可证发布开源项目的企业（如微软、谷歌）、基于已有开源项目进行二次创新或提供解决方案的企业（如红帽、SUSE）。尽管开源项目发起者既可以是个人或者开发者群体，也可以是开源企业，但企业仍然在发起并推动大型开源项目发展方面具有更大的力量，也在开源项目商业化方面发挥着不可替代的作用。

13. **Linux 基金会（Linux Foundation，LF）**：2007 年由开源码发展实验室（OSDL）与自由标准组织（FSG）合并成立的非营利性组织，旨在推动 Linux 开源项目发展，支持开源技术创新和开源项目推广，旗下管理的开源项目主要包括 Linux 内核、OpenStack、Kubernetes 等，其成员包括 IBM、英特尔、微软、红帽等知名企业。

14. **Apache 软件基金会（Apache Software Foundation，ASF）**：1999 年，以早期 Apache 服务器技术爱好者及用户社群为基础成立的非营利性组织，主要为 Apache 及其他开源项目的开发、维护和分发提供技术、法律、资金等多方面的支持，旗下管理的开源项目主要包括 Apache HTTP 服务器、

Hadoop 等。

15. **Eclipse 基金会（Eclipse Foundation，EF）**：2004 年，由 IBM 联合业界伙伴成立的 Eclipse 协会（Eclipse Consortium）转型而来，致力于推动 Eclipse 等开源项目技术创新和应用推广，旗下开源项目主要包括 Eclipse IDE（集成开发环境）、Eclipse Kura 等。

16. **开源安全基金会（Open Source Security Foundation，OpenSSF）**：Linux 基金会旗下的子基金会，2020 年由 Linux 基金会联合多家软件和硬件厂商成立，致力于提升开源软件的安全性，其成员包括 GitHub、谷歌、IBM、微软、红帽、摩根大通、英特尔等。

17. **RISC-V**：2010 年由加利福尼亚大学伯克利分校推出的开源指令集架构（ISA）。X86、ARM 等传统架构的指令集和技术规范主要由少数公司掌握，相较而言，RISC-V 的架构规范、设计文档和工具链公开可获取，允许任何组织和个人免费使用、修改和贡献，大大降低了芯片设计门槛。2015 年，英伟达、谷歌、华为、IBM、红帽等企业和机构支持成立 RISC-V 基金会（RISC-V Foundation）;为推动构建开放包容的 RISC-V 社区,2020 年,RISC-V 国际协会（RISC-V International）在瑞士成立，在促进 RISC-V 架构的发展和推广方面发挥着重要作用。

18. **Hadoop**：Apache 软件基金会于 2006 年 2 月推出的开源分布式计算框架，由 HDFS（分布式文件系统，存储和管理大规模数据集）和 MapReduce（分布式运算编程框架，处理大规模数据集）等核心组件构成，具有高可靠性、高扩展性、高效性和高容错性等优势，主要用于数据分析、数据挖掘、机器学习、数据仓库、社交媒体分析、金融风险管理等大数据处理场景。在 Apache 软件基金会提供的开发环境和社区支持下，Hadoop 形成了强大的技术生态，并于 2008 年 1 月正式成为 Apache 顶级项目。

19. **Spark**：加利福尼亚大学伯克利分校 AMP 实验室于 2009 年开发的分布式计算框架，其设计初衷是解决 Hadoop 在数据处理效率方面的局限性，打造一个更高效、更灵活的大数据处理框架。2013 年,Spark 被捐赠至 Apache 软件基金会，并于 2014 年成为 Apache 顶级项目。Spark 与 Hadoop 优势互补、紧密结合，是 Hadoop 开源生态中不可或缺的重要组成部分，二者共同为大数据处理提供全面的解决方案。

20. **Kubernetes**：谷歌于 2014 年推出的开源容器编排平台，能通过自动化部署、扩展和管理容器化应用程序，为云原生应用程序开发和部署提供强大支持。2016 年，Kubernetes 项目被捐赠给云原生计算基金会（CNCF），吸引红帽、Canonical 等开源企业加入社区开发和推广项目。在庞大的开源社区和技术生态支持下，Kubernetes 正逐步成为容器编排领域的事实标准。

21. **OpenStack**：由美国国家航空航天局（NASA）和 Rackspace 合作研发的开源云计算管理平台（通常也被视为云计算操作系统），由一系列开源项目组成，用于控制数据中心的大规模计算、存储和网络资源，为公共和私有云的建设与管理提供软件支持。2012 年，为支持 OpenStack 项目发展，OpenStack 基金会成立，2020 年，OpenStack 基金会升级为 OpenInfra 基金会，以涵盖更广泛的开源基础设施领域，从云架构扩大到整个基础设施领域。

22. **PyTorch**：2017 年由脸书（现更名为 Meta）人工智能研究院（FAIR）开发的深度学习开源框架，被广泛应用于计算机视觉、自然语言处理、强化学习等领域，2022 年被捐赠至 Linux 基金会。

23. **TensorFlow**：2015 年由谷歌推出的深度学习开源框架，主要用于图像和语音识别、自然语言处理、数据挖掘等。截至 2023 年，TensorFlow 项目尚未被捐赠至开源基金会，项目的开发和维护主要由谷歌负责。

24. **DevOps**：用于促进开发（Development）团队、运维（Operations）团队和质量保障（QA）部门之间的沟通、协作与整合，是这一过程、方法与系统的统称。旨在打破传统开发和运维之间的壁垒，通过自动化和可重复的方式更快地将代码部署到生产中，从而提高软件交付的速度、质量和可靠性。

25. **Oracle 数据库**：甲骨文（Oracle）公司于 1979 年推出的关系数据库管理系统，它以强大的特性和功能而闻名，主要用于企业级数据管理，被广泛应用于金融、电信、政府、制造业等多个行业领域，在全球数据库市场中占据重要地位。

26. **MySQL**：1995 年由瑞典 MySQL AB 公司开发的关系型数据库管理系统，在一系列商业收购和整合后，MySQL 最终成为甲骨文旗下产品。MySQL 以其高性能、可靠性、扩展性和安全性著称，在数据库市场上占据重要地位。MySQL 目前采用双授权模式，分为开源免费的社区版和付费授权的商业版。

27. **PostgreSQL**：1995 年由加利福尼亚大学伯克利分校计算机系开发的开源数据库管理系统，由 1986 年美国国防部高级研究计划局（DARPA）、美国陆军研究办公室（ARO）、美国国家科学基金（NSF）等共同赞助的 Postgre 项目发展而来。

28. **软件供应链**：软件开发、测试和维护过程中涉及的所有环节和参与者。软件供应链各环节需要紧密协作，以确保软件产品顺利交付。其中，开发者和开发团队为软件供应链提供技能、经验和协作支持，第三方组件和库为软件高效开发提供强大的资源和技术支持。软件供应链风险来源于多个方面，既包括第三方组件带来的安全漏洞风险，也包括资源和技术供给不足带来的断供风险。

29. **软件物料清单（SBOM）**：全面展示软件的组件构成、每个组件的详细信息及组件之间的依赖关系的清单，能帮助软件供应商、采购方和运营商掌握软件供应链信息及上下游依赖关系，实现软件成分透明化、来源可追溯。目前，SBOM 已成为各国提升软件供应链安全性的重要手段。

30. **代码签名**：对软件代码进行数字签名，用以验证软件来源和完整性的过程，旨在确保用户下载和安装的软件未被恶意篡改且来源可信，也能用来防止使用恶意软件冒充合法软件。常用的代码签名工具包括数字证书、时间戳等。

31. **漏洞赏金（Bug Bounties）计划**：鼓励网络安全研究人员报告软件漏洞的激励机制，通常由软件开发商围绕特定项目发起，以现金或其他奖励形式支付给发现并报告漏洞的人，AMD、特斯拉、谷歌、OpenAI 等知名企业均曾推出漏洞赏金计划。

32. **开放原子开源基金会**：2020 年 6 月，由阿里巴巴、百度、华为、浪潮、360、腾讯、招商银行等联合发起，致力于推动全球开源事业发展的非营利性机构，专注于开源项目的推广传播、法务协助、资金支持、技术支撑及开放治理等公益性事业。其旗下管理的开源项目包括开源鸿蒙（OpenHarmony）、开源欧拉（openEuler）等。

参 考 资 料

[1] Chris D B, Sam O, Mark S. Open Sources: Voices from the Open Source
     Revolution. O'Reilly Media.

[2] Chri S T M, KelTy. Two Bits. Experimental Futures.

[3] Gordon H. How Open Source Ate Software Understand the Open Source
     Movement and So Much More. Apress.

[4] Open Logic, Open Source Initiatives. The 2022 State of Open Source Report
     Open Source Usage, Market Trends, & Analysis.

[5] Georg V K, Eric V H. Special issue on open source software development.
     Research Policy. Volume 32, Issue 7, July 2003, Pages 1149-1157.

[6] Punita B, Ali J A. Muhammad Azam Roomi. Social innovation with open
     source software: User engagement and Development challenges in India.
     Technovation Volumes 52-53, June-July 2016, Pages 28-39.

[7] Dave S. Hacking and Open Source Culture. Readings of the Ideas, Social
     Movements, and People Who Shaped the Information Society. Cognella
     Academic Publishing.

[8] Robert W H. Government Policy Toward Open Source Software. Washington,
     DC: Brookings Institution Press, 2002.

[9] US Department of Defense.Clarifying Guidance Regarding Open Source
     Software.

[10] US White House. Federal Source Code Policy: Achieving Efficiency,
     Transparency, and Innovation through Reusable and Open Source Software.

[11] US White House. EO14028.

[12] Devenyi V, Giacomo D D, O'Donohoe C. Status of Open Source Software
     Policies in Europe 2020.

[13] EU. Open source software strategy 2020-2023.

[14] GitHub. OCTOVERSE 2023 The state of open source software.

[15] European Union. Study about the impact of open source software and hardware on technological independence, competitiveness and innovation in the EU economy.

[16] 王怀民，余跃，王涛，等. 群智范式：软件开发范式的新变革. 中国科学：信息科学，2023 年第 53 卷，第 8 期，第 1490-1502 页.

[17] 杨玲玲，牛晓玲，白瀚雄. 中国 DevOps 现状调查报告（2023）. 云计算开源产业联盟，2023，第 35 页.

[18] 中国开源软件（OSS）推进联盟. 2023 中国开源发展蓝皮书，2023.

[19] 奇安信. 2023 中国软件供应链安全分析报告（2023）. 2023-07-24.

[20] 新思科技. 2022 开源安全和风险分析报告（2022）. 2022-05-17.

[21] 墨天轮. 中国数据库排行. 2024-7-18.

[22] 羊城晚报. 助力关键核心技术高水平自立自强 深圳打造开源操作系统产业高地.

[23] 51CTO. OpenHarmony 社区运营报告（2023 年 12 月）.

[24] 中国经济网. 支持鸿蒙原生应用生态在深发展壮大.

[25] 中国发展网. 深圳发布重大开源项目申报指南，助推 OpenHarmony 生态发展.

[26] 扬子晚报. 欧拉部署累计 610 万套，成为企业数字化转型的首选操作系统.

[27] 工业和信息化部. 2023 年软件业经济运行情况.

[28] 搜狐网. 数据库厂商 PingCAP 宣布完成 2.7 亿美元 D 轮融资.

[29] 同花顺财经. 百度飞桨文心生态成果最新披露：开发者达 1070 万 模型数超 86 万.

[30] 澎湃新闻. 统信软件王耀华：根社区为国产操作系统的破局带来了什么.

[31] 中国经济新闻网. 走进中关村软件园，看下一个万亿级市场在哪里.

[32] 人民网. "模速空间"，这个创新聚集地年轻又新锐｜高质量发展调研行.

[33] 长沙晚报. 2023 年软件产业营收突破 1800 亿元！长沙形成本土信创全产业链.

[34] 刘京娟，狄晓晓. 国外开源基金会运作模式.

[35] 高丰. 开放数据：概念、现状与机遇. 大数据，2015 年第 1 卷，第 2 期，第 9-18 页.

后 记

开源是数字时代开放、共建、共享、共治的新型生产方式，是推动科技创新、开放合作的重要实践，对培育新质生产力具有显著的促进作用。同时，开源是充分释放创新活力、助力后发赶超的有效手段，对实现产业突围、抢占科技制高点具有积极意义。了解开源、使用开源、参与开源、贡献开源，促进技术共享和传播，推动社会进步和创新，对个人和社会发展都具有重要意义。

《开源十讲》的十个章节，系统讲述了读者接触开源、了解开源过程中较为关心的领域，包括从开源的源起到繁荣，开源的"免费"到商业化，开源的发展与安全等，希望通过系统梳理，普及开源的基本知识，搭建一座连接读者与开源世界的桥梁，共同探索、体会开源的活力与创造力。

本书的编写团队来自不同的专业领域，是直接参与开源、贡献开源、从事开源生态建设相关工作的专业人士。为了保障书籍的专业性、系统性、易读性，编写团队发挥各自专业优势，经过半年多时间的策划、编写，反复构思章节架构、细致推敲文本内容、组织召开专家研讨、广泛听取意见与建议，同时在书稿中融入了众多知名开源项目的故事，通过具体案例展示开源的实际应用和影响，增加书籍的吸引力和实用性。

《开源十讲》的完成，离不开国家工业信息安全发展研究中心软件所研究和技术团队的专注与热忱，更离不开业界和科研领域众多领导和同人的无私帮助，在此要对他们致以最衷心的感谢。感谢工业和信息化部信息技术发展司领导的鼓励和指导，为本书明确了定位和方向；感谢国家工业信息安全发展研究中心相关领导同志的全力支持，为本书的编写投入了大量资源；感谢开放原子开源基金会、华为技术有限公司、OSS Compass 社区、深圳市奥思网络科技有限公司（开源中国）、北京创新乐知信息技术有限公司（CSDN）、腾讯云计算有限服务公司等单位为本书提供了翔实的一手资料，增强了本书在开源领域的实践性；感谢中国科学院科技战略咨询研究院肖尤丹教授，为本书提供了很好的意见与建议；感谢电子工业出版社董亚峰、刘小琳为本书高效、高质量出版作出的贡献。最后，感谢编写团队的全心付出，国家工业信息安全发展研究中心软件所研究团队倾注了大量心血，以期为广大读者打造出一本全面普及开源知识和文化的综合性读物。

经过 40 多年的发展，开源已经从软件领域逐步扩大至电子信息制造等硬件领域，其应用的广度和深度加快扩展，在全球范围内形成了一个庞大、复杂、鲜活的生态系统，对其研究总有未竟之处。由于时间和资源的限制，本书可能尚存在研究不够深入、观点表达不够明确之处，恳请各位读者批评指正，编写团队也将积极吸收宝贵的意见与建议，在未来的创作中不断精进。